JN016837

図解

IATF 16949 よくわかるFMEA

AIAG & VDA FMEA・FMEA-MSR・ISO 26262

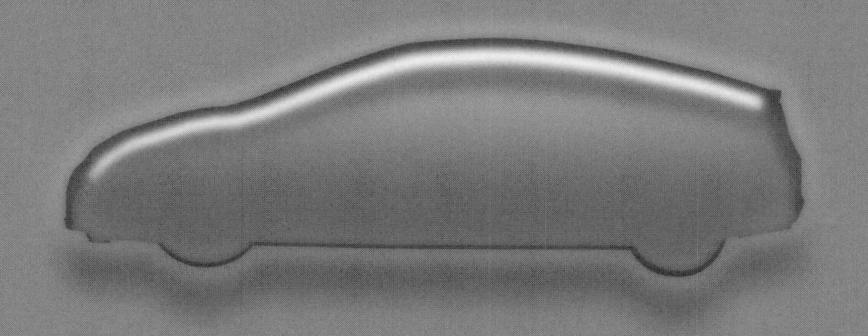

岩波好夫 著

日科技連

まえがき

自動車産業の品質マネジメントシステム規格IATF 16949では、いわゆる規格要求事項だけでなく、コアツール(core tool)と呼ばれる種々の技法の活用が求められています。それらのコアツールの中でも、最も重要なものが、FMEA(故障モード影響解析、failure mode and effects analysis)です。

FMEAは、製品や製造工程において発生する可能性のある潜在的な故障を、製品または製造工程の設計・開発段階であらかじめ予測して、実際に故障が発生する前に、故障の発生を予防または故障が発生する可能性を低減させるための解析手法(リスク分析技法)です。すなわち、FMEAの目的は市場不良をなくすことです。

IATF 16949のFMEAの参照文書として、今までは、AIAG(アメリカ)のFMEAマニュアルとVDA(ドイツ)のFMEAマニュアルが存在しましたが、このたびこれらが統合され、AIAG & VDA FMEAハンドブックとして新規発行されました。

AIAG & VDA FMEAハンドブックは、従来のVDAのアプローチを基本としており、今までのAIAG版に慣れている日本の組織にとっては、大きな変更になると考えられます。

また、従来のS／O／D(影響度／発生度／検出度)の10段階の評価基準が全面的に改訂されるとともに、リスク低減処置をとる優先順位を表す指標として、RPN(リスク優先数)に代わって、新たにAP(action priority、処置優先度)が登場するなど、種々の変更が行われました。

AIAG & VDA FMEAハンドブックではまた、従来からの設計FMEAおよびプロセスFMEAに加えて、FMEA-MSRが新たに開発されました。

FMEA-MSRは、自動車運転中の安全な状態および法規制順守を維持するために、顧客が運転中の監視および故障リスク低減のための手段を提供する、設計FMEAを補完するもので、最近増加している自動車に搭載される種々の電子制御装置への対応を考慮したものです。

このFMEA-MSRは、ヨーロッパやわが国の自動車産業において最近普及し始めている、自動車の機能安全規格 ISO 26262 の考えを、全面的に取り入れています。本書では、ISO 26262 の概要についても解説します。

本書では、これらの IATF 16949 で要求されている、故障モード影響解析(FMEA)について、AIAG & VDA FMEA ハンドブックの内容にもとづいて解説しています。

本書は、次の各章で構成されています。

第 1 章　FMEA の基礎

この章では、FMEA の目的、FMEA ハンドブック制定の経緯、FMEA の種類、新製品の設計・開発と FMEA、FMEA 7 ステップアプローチと FMEA の様式、FMEA を実施する際の考慮事項、IATF 16949 と FMEA、FMEA の種々の分野への活用、FMEA ハンドブック改訂の概要、FMEA ハンドブックの課題、新しい FMEA への移行の他、FMEA や ISO 26262 で使用される用語について解説します。

第 2 章　設計 FMEA

この章では、設計 FMEA、設計 FMEA 実施のステップ、設計 FMEA の実施、設計 FMEA の評価基準、設計 FMEA の実施例、および電子部品と FMEA について解説します。

第 3 章　プロセス FMEA

この章では、プロセス FMEA 実施のステップ、プロセス FMEA の実施、設計 FMEA とプロセス FMEA、プロセス FMEA の評価基準、およびプロセス FMEA の実施例について解説します。

第 4 章　FMEA-MSR

この章では、FMEA-MSR の概要、FMEA-MSR 実施のステップ、FMEA-MSR の実施、FMEA-MSR の評価基準、および FMEA-MSR の実施例について解説します。

第5章　ISO 26262の概要

この章では、機能安全の基礎、およびFMEA-MSRの基本となった自動車の機能安全規格ISO 26262の概要について解説します。

本書は、次のような方々に読んでいただき、活用されることを目的としています。

① IATF 16949のコアツールである、FMEA(故障モード影響解析)を理解したいと考えておられる方々

② 新規発行された、AIAG & VDA FMEAハンドブックの内容を理解したいと考えておられる方々

③ 新しいFMEA技法である、FMEA-MSR(監視およびシステム応答の補足FMEA)の内容を理解したいと考えておられる方々

④ 自動車の機能安全規格ISO 26262の概要を理解したいと考えておられる方々

⑤ 自動車産業の品質マネジメントシステム規格IATF 16949認証取得を計画、および認証を維持しておられる組織の方々

読者のみなさんの会社のIATF 16949認証取得および認証維持、ならびにIATF 16949のコアツールであるFMEAの見直しと活用のために、本書がお役に立つことを期待しています。

謝　辞

本書の執筆にあたっては、巻末にあげた文献を参考にしました。特に、AIAG & VDA FMEAハンドブックを参考にしました。その和訳版は、㈱ジャパン・プレクサスから発行されています。詳細については、これらの参考文献を参照ください。

最後に本書の出版にあたり、多大のご指導をいただいた日科技連出版社出版部部長鈴木兄宏氏ならびに木村修氏に心から感謝いたします。

2020年2月

岩波　好夫

［第２刷発刊にあたって］

2020年２月に、『AIAG & VDA FMEA Handbook』英語版の修正が行われました。本書の第２刷では、これらの修正内容を反映しています。

目　次

装丁＝さおとめの事務所

第1章

FMEAの基礎

この章では、AIAG & VDA FMEAハンドブックに従って、FMEAの基礎的な事項、およびFMEAやFMEA-MSRのベースとなっているISO 26262で使用される用語について説明します。

この章の項目は、次のようになります。

1.1　FMEA の目的

FMEA(故障モード影響解析、failure mode and effects analysis)は、製品や製造工程において発生する可能性のある潜在的な故障を、製品または製造工程の設計段階であらかじめ予測して、実際に故障が発生する前に、故障の発生を予防または故障が発生する可能性を低減させるための解析手法(リスク分析手法)です。

すなわち、FMEA の目的は、市場不良をなくすことです。FMEA を実施したが市場不良が減らないということでは、FMEA を適切に実施しているとはいえません。そのためには、設計 FMEA は製品設計・開発の早い時期に開始すること、プロセス FMEA は工程設計・開発の早い時期に開始するこが必要です(図 1.1 ～図 1.3 参照)。

項　目	内　容
FMEA とは	①　FMEA とは、“failure mode and effects analysis、故障モード影響解析”をいう。
FMEA の目的	①　FMEA は、製品や製造工程において発生する可能性のある潜在的な故障を、製品または製造工程の設計段階であらかじめ予測して、実際に故障が発生する前に、故障の発生を予防または故障が発生する可能性を低減させるための解析手法(リスク分析手法)である。 ②　FMEA は、以下を目的としたリスク分析手法である。 ・製品またはプロセスの潜在的な(起こるかも知れない)故障によるリスクを評価する。 ・それらの故障が起こった場合の影響と原因を分析する。 ・故障に対して、現在行われている予防と検出の方法を明確にする。 ・リスク低減処置(追加の予防管理または検出管理の方法)を計画し、実施する。
FMEA の活用	①　FMEA は、技術者が製品やプロセスの問題の発生を防止することに関して、優先順位を付けて焦点をあてるのに役立つ。 ②　FMEA は、設計・開発のやり直しの削減、総合的な仕様、テスト計画およびコントロールプランの開発に役立つ。
FMEA の有効性	①　リコールや顧客クレームなど、市場での品質問題の発生が減少しない場合は、FMEA が有効でないと考えるべきである。

図 1.1　FMEA の目的

1.2 FMEAハンドブック制定の経緯

自動車産業のFMEA参照マニュアルとして、今までは、AIAG(アメリカ自動車産業協会、automotive industry action group)のFMEA参照マニュアルと、VDA(ドイツ自動車工業会、verband der automobilindustrie)のFMEA参照マニュアルの、2つのマニュアルが存在しましたが、自動車産業セクターとしてFMEAに共通の基盤を提供するために、AIAGとVDAの共同作業の結果、新しいFMEAハンドブックが制定されました。

顧客の品質要求の増大、リコールの増加、自動車部品の一層の複雑化、コンピュータ制御された自動車用電子部品の増大、法規制要求事項および製造物責任問題への対応、製品およびプロセスに必要なコストの最適化など、自動車産業の環境が大きく変化しています。

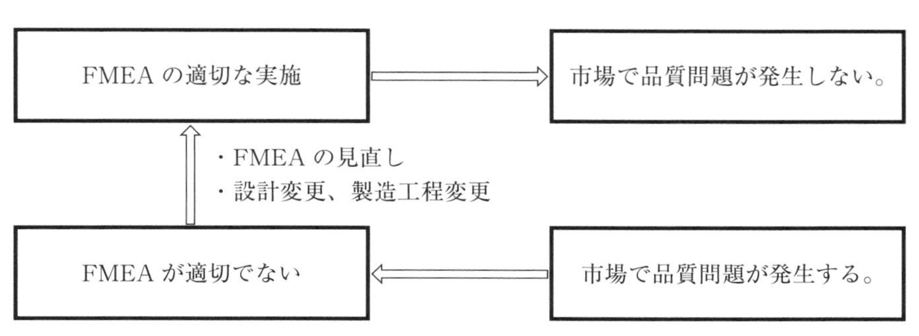

図1.2　FMEAの目的は市場不良をなくすため

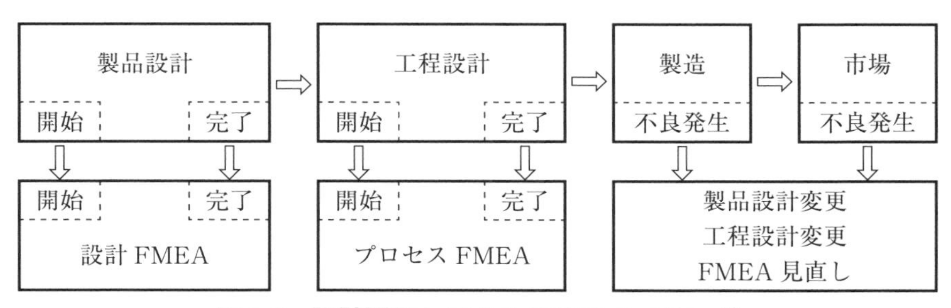

図1.3　設計開発とFMEA実施のタイミング

これらの自動車産業がかかえる種々の課題の変化に対応するために、リスク低減の技術的手法として、FMEAの強化と見直しが必要となっていました。新しく制定されたFMEAハンドブックでは、これらの自動車産業がかかえる種々の課題への対応を織り込んだものとなっています。

また新しいFMEA技法として、FMEA-MSR(監視およびシステム応答の補足FMEA)が開発されました。これは、市場における自動車の安全な状態または法規制順守の状態を維持するために、顧客運用(運転・整備など)中の、故障診断検出および故障リスク低減の手段を提供するものです(図1.4参照)。

項　目	内　容
FMEAハンドブック制定の経緯	①　AIAG(アメリカ自動車産業協会)のFMEAマニュアルとVDA(ドイツ自動車工業会)のFMEAマニュアルが存在した。 ②　自動車産業セクター全体で共通の基盤を提供するために、AIAGとVDAの共同作業の結果、新しいFMEAハンドブックが制定された。 ③　FMEAハンドブックは、自動車産業のサプライヤーが設計FMEA、プロセスFMEA、およびFMEA-MSRの開発を支援するためのガイドとなる参照マニュアルとして作成された。
自動車産業がかかえる課題	①　自動車産業がかかえる課題： ・顧客の品質要求の増大とリコールの増加 ・自動車部品の複雑化とコンピュータ制御電子部品の増大 ・法規制要求事項および製造物責任問題への対応 ・製品およびプロセスに必要なコストの最適化 ②　これらの課題に対応するために、リスク低減の技術的手法として、FMEAの強化と見直しが必要となっていた。 ③　FMEA分析では、安全上のリスクと予見可能な(しかし意図的ではない)誤使用に関して、耐用期間内の製品の動作条件を考慮に入れることが重要である。
新しいFMEA(FMEA-MSR)の開発	①　新しいFMEA技法として、FMEA-MSR(監視およびシステム応答の補足FMEA)が開発された。 ②　これは、自動車の安全な状態または法規制順守の状態を維持するために、顧客運用(運転・整備など)中の、故障診断検出および故障リスク低減の手段を提供するものである。

図1.4　FMEAハンドブック制定の経緯

1.3　FMEAの種類

IATF 16949のFMEAには、種々の区分のものがあります。まず、設計FMEA(DFMEA、design FMEA)、プロセスFMEA(PFMEA、process FMEA)および監視およびシステム応答の補足FMEA(FMEA-MSR、supplemental FMEA for monitoring & system response)の3種類のFMEAがあります(図1.5参照)。

設計FMEAは製品のFMEA、プロセスFMEAは製造工程のFMEA、そしてFMEA-MSRは、一般的にセンサー、ECU(電子制御装置)およびアクチュエータで構成される、車載用の電気電子システムが対象となります。

次に、FMEAの対象とする範囲として、システムレベル、サブシステムレベル、および部品レベルの3種類のFMEAがあります。設計FMEAに関して、システムレベルのFMEAは製品全体を対象とするもの、サブシステムレベルのFMEAはシステムの一部を対象とするもの、そして部品レベルのFMEAはサブシステムのさらに一部を対象とするものです。システムの例には、車両、トランスミッションシステム、ステアリングシステム、ブレーキシステム、走行安定性電子制御システムなどがあります。

プロセスFMEAについても、同様に製造工程(プロセス)全体、サブプロセスおよび要素レベルの3種類に分けることができます。プロセスFMEAは製造工程全体を対象とするもの、サブプロセスFMEAは一部のプロセスを対象とするもの、そして要素レベルFMEAは、例えば熱処理工程など、製造プロセスのうちの重要な要素レベルを対象とするものです(図1.6参照)。

またFMEAには、プロジェクト(個々の製品または製造プロセス)ごとのFMEAのほか、基礎(foundation) FMEAやファミリー(family) FMEAがあります。基礎FMEAは、プロジェクトごとのFMEAを作成する際の基本になるものです(図1.7参照)。基礎FMEAは、ジェネリックFMEA、ベースラインFMEA、コアFMEA、マスターFMEAなどと呼ばれることもあります。またファミリーFMEAは、基礎FMEAの一種で、類似製品または類似プロセス用に、ファミリーに共通な事項を表したFMEAをいいます(図1.7参照)。

新製品・新プロセスに、基礎FMEAまたはファミリーFMEAを利用する場合は、既存と新規の差異の分析に焦点をあてることになります。

区　分	内　容
設計FMEA (DFMEA)	①　製品の設計段階で、発生する可能性のある故障を分析する。 ②　製品の品目(部品)・機能に従った分析を行う。
プロセスFMEA (PFMEA)	①　設計の意図に適合する製品を製造するために、製造、組立、および物流プロセスの潜在的な故障を分析する。 ②　プロセスステップに従った分析を行う。
監視およびシステム応答の補足FMEA (FMEA-MSR)	①　FMEA-MSRは、新しく開発された監視およびシステム応答の補足FMEAである。 ②　FMEA-MSRは、安全な状態または法規制順守の状態を維持するために、顧客運用中の診断検出および故障リスク低減の手段を提供する、ISO 26262の機能安全を考慮した、設計FMEAを補完するものである。

図1.5　FMEAの種類(1)

区　分	大　⇦　FMEA対象範囲　⇨　小		
設計FMEA	システムレベルのFMEA	サブシステムレベルのFMEA	部品レベルのFMEA
プロセスFMEA	プロセスレベルのFMEA	サブプロセスレベルのFMEA	要素レベルのFMEA

図1.6　FMEAの種類(2)

区　分	内　容
(個別の) FMEA	①　プロジェクトすなわち個別の製品またはプロセスごとのFMEAである。
基礎 (foundation) FMEA	①　基礎FMEAは、プロジェクト固有ではないFMEAで、要求事項、機能、および処置の一般化を行うものである。 ②　基礎FMEAは、新しいプロジェクトのFMEAの出発点として役立つFMEAで、過去の開発で得られた組織の知識が含まれる。 ③　基礎FMEAは、ジェネリック、ベースライン、テンプレート、コア、マスター、またはベストプラクティスFMEAなどとも呼ばれる。
ファミリー (family) FMEA	①　ファミリー(グループ)FMEAは、共通した製品ファミリー、または共通した製造プロセスに対するFMEAである。

図1.7　FMEAの種類(3)

1.4　新製品の設計・開発と FMEA

自動車産業の品質マネジメントシステム規格 IATF 16949 では、新製品の設計・開発は、AIAG の APQP（先行製品品質計画、advanced product quality planning）や、VDA の MLA（新規部品の成熟レベル保証、maturity level assurance）などのプロジェクトマネジメントに従うことを述べています。

APQP と FMEA との関係について、FMEA ハンドブックでは、APQP フェーズ 1 の新製品の企画（プログラムの計画・定義）段階から FMEA を開始し、フェーズ 4 の新製品の設計・開発完了（製品・製造工程の妥当性確認）段階で FMEA を完成させることを述べています（図 1.8、図 1.9 参照）。

なお APQP の詳細については、拙著『図解 IATF 16949 よくわかるコアツール【第 2 版】』（日科技連出版社）を参照ください。

FMEA ハンドブックでは、FMEA と MLA との関係に対しても、MLA の ML 1（新製品の企画）段階から、FMEA を開始し、ML 6（新製品の設計・開発完了）段階で FMEA を完成させることを述べています（図 1.10 参照）。

<table>
<tr><th></th><th>フェーズ 1</th><th>フェーズ 2</th><th>フェーズ 3</th><th>フェーズ 4</th><th>フェーズ 5</th></tr>
<tr><td>APQP フェーズ</td><td>プログラムの計画・定義</td><td>製品の設計・開発と検証</td><td>製造工程の設計・開発と検証</td><td>製品・製造工程の妥当性確認</td><td>フィードバック評価・是正処置</td></tr>
<tr><td>設計 FMEA</td><td rowspan="2">製品設計を始める前に、FMEA 計画策定を開始する。
DFMEA と PFMEA は、製品設計とプロセス設計を最適化できるように、同じ時期に実施する。</td><td>設計の概念を理解し、DFMEA を開始する。</td><td>見積設計仕様書発行前に、DFMEA を完了する。</td><td>製造設備発注前に、DFMEA の改善処置を完了する。</td><td rowspan="2">設計変更／プロセス変更がある場合は、DFMEA ／ PFMEA の計画からやり直す。</td></tr>
<tr><td>プロセス FMEA</td><td>製造プロセスの概念を理解し、PFMEA を開始する。</td><td>最終プロセス決定前に、PFMEA を完了する。</td><td>PPAP 顧客承認取得前に、PFMEA の改善処置を完了する。</td></tr>
</table>

図 1.8　AIAG APQP フェーズと FMEA のタイミング

すなわち、IATF 16949認証のためにFMEAが必要であるから、審査に間にあえばよいというものではありません。

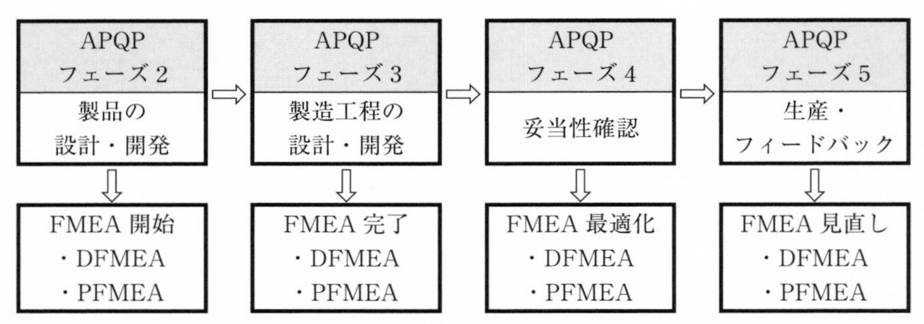

図1.9　設計・開発とFMEAのタイミング

	ML 0	ML 1	ML 2	ML 3	ML 4	ML 5	ML 6	ML 7
VDA MLA レベル	フル生産開発に対する技術革新承認	契約に対する要求事項のマネジメント	サプライチェーンの特定・発注	技術仕様の承認	生産計画の完成	生産設備による生産部品利用可能	製品および製造工程の承認	プロジェクト完了、生産移管、生産開始、再認定
DFMEA		製品開発前の概念段階で、FMEAを開始。製品設計とプロセス設計の両方を最適化できるように、同じ期間に実行	設計の概念を理解し、DFMEAを開始	見積設計仕様書の発行前に、DFMEA解析を完了		製造設備の発注前に、DFMEAの改善処置を完了		設計変更／プロセス変更がある場合は、DFMEA／PFMEAの計画からやり直し
PFMEA			製造プロセスの概念を理解し、PFMEAを開始		最終プロセス決定の前に、PFMEA解析を完了		PPA顧客承認前に、PFMEAの改善処置を完了	

図1.10　VDA MLAフェーズとFMEAのタイミング

1.5　FMEA 7 ステップアプローチと FMEA の様式

FMEA は、図 1.11 に示す 7 ステップアプローチで進めます。すなわち、ステップ 1（計画と準備、planning & preparation）、ステップ 2（構造分析、structure analysis）、ステップ 3（機能分析、function analysis）、ステップ 4（故障分析、failure analysis）、ステップ 5（リスク分析、risk analysis）、ステップ 6（最適化、optimization）、およびステップ 7（結果の文書化、results documentation）の 7 ステップです。

ステップ 1 では、FMEA 解析対象のプロジェクト（製品、プロセス）を明確にし、ステップ 2 では、FMEA 解析の焦点となる分析対象（フォーカスエレメント、focus element）を明確にし、ステップ 3 では、分析対象に求められる機能を明確にし、ステップ 4 では、その機能に対する故障と、故障が起こった場合の影響、および故障の原因を検討し、ステップ 5 では、故障に対して現在行われている管理方法（予防管理および検出管理）を明確にしてリスクの程度を評価し、ステップ 6 では、リスク低減の処置を計画して実施し、ステップ 7 では、FMEA の結果と結論を文書化して、関係者に伝達します。

各ステップは、図 1.11 に示すように、システム分析（system analysis）、故障分析とリスク低減（failure analysis and risk mitigation）、およびリスクコミュニケーション（risk communication）の 3 つに区分されます。

7 ステップアプローチにもとづいた各 FMEA 様式の例を図 1.12 に示します。

システム分析			故障分析とリスク低減			リスクコミュニケーション
ステップ 1 計画と準備	ステップ 2 構造分析	ステップ 3 機能分析	ステップ 4 故障分析	ステップ 5 リスク分析	ステップ 6 最適化	ステップ 7 結果の文書化
プロジェクトの定義	分析対象の明確化	機能・要求事項の明確化	故障チェーンの明確化	現在の管理方法の明確化とリスク評価	リスク低減処置の明確化と実施	分析結果と結論の文書化と伝達

図 1.11　FMEA 7 ステップアプローチ

設計FMEA様式

構造分析（ステップ2）			機能分析（ステップ3）			故障分析（ステップ4）				DFMEA リスク分析（ステップ5）						DFMEA 最適化（ステップ6）												
上位レベル	分析対象	下位レベル	上位レベルの機能・要求事項	分析対象の機能・要求事項	下位レベルの機能・要求事項	上位レベルの故障影響 FE	影響度S	分析対象の故障モード FM	下位レベルの故障原因 FC	現在の予防管理PC	発生度O	現在の検出管理DC	検出度D	処置優先度AP	フィルターコード	追加の予防処置	追加の検出処置	責任者	完了予定日	処置状態	処置内容と証拠	完了日	影響度S	発生度O	検出度D	処置優先度AP	フィルターコード	備考

FMEA-MSR様式

構造分析（S2）	機能分析（S3）	故障分析（S4）	DFMEAリスク分析（S5）	DFMEA最適化（S6）	FMEA-MSRリスク分析（ステップ5）										FMEA-MSR最適化（ステップ6）														
⟵		DFMEAと同じ		⟶	発生頻度の根拠	発生頻度F	現在の診断監視	現在のシステム応答	監視度M	注1	MSR後の影響度S	故障分析後の影響度S	処置優先度AP	フィルターコード	MSR予防処置	追加の診断監視	追加のシステム応答	注1	MSR後の影響度S	責任者	完了予定日	処置状態	処置内容と証拠	完了日	発生頻度F	監視度M	故障分析後のS	処置優先度AP	備考

［備考］注1：システム応答後の最も大きな故障影響

プロセスFMEA様式

構造分析（ステップ2）			機能分析（ステップ3）			故障分析（ステップ4）				リスク分析（ステップ5）							最適化（ステップ6）												
プロセス	プロセスステップ／分析対象	プロセス作業要素	プロセスの機能	プロセスステップ／分析対象の機能・製品特性	プロセス作業要素の機能・プロセス特性	プロセスの故障影響FE	影響度S	プロセスステップ／分析対象の故障モードFM	プロセス作業要素の故障原因FC	現在の予防管理PC	発生度O	現在の検出管理DC	検出度D	処置優先度AP	特殊特性	フィルターコード	追加の予防処置	追加の検出処置	責任者	完了予定日	処置状態	処置内容と証拠	完了日	影響度S	発生度O	検出度D	特殊特性	処置優先度AP	備考

図1.12　各FMEA様式の例

1.6　FMEA を実施する際の考慮事項

FMEA を実施する際の考慮事項について、下記に説明します。

[経営者のコミットメントと FMEA チームの編成]

FMEA の成功のためには、経営者のコミットメント(積極的な参加と支援)が不可欠です(図 1.13 参照)。また FMEA は、各部門の代表者が参加する部門横断的アプローチ(多機能チーム)で進めることが必要です(図 1.14 参照)。

項　目	内　容
背景	①　FMEA プロセスは完了までに時間がかかる。 ②　FMEA の実施に必要なリソースを確保することが必要である。
経営者のコミットメント	①　FMEA 開発を成功させるには、製品およびプロセスのオーナーの積極的な参加と上級管理職のコミットメントが重要である。 ②　経営者(上級管理職)が、FMEA 実施の最終的な責任を持つ。

図 1.13　経営者のコミットメント

区　分	設計 FMEA チーム	プロセス FMEA チーム
FMEA コアチーム(core team)メンバー	・ファシリテーター(facilitator、幹事役) ・設計技術者 ・システム技術者 ・部品技術者 ・テスト技術者 ・品質・信頼性技術者、など	・ファシリテーター ・プロセス技術者 ・製造技術者 ・人間工学技術者 ・妥当性確認技術者 ・品質・信頼性技術者 ・各プロセス開発責任者、など
拡大チームメンバー(必要に応じて)	・プロジェクトマネジャー ・プロセス技術者 ・技術専門家 ・機能安全技術者 ・購買担当者 ・供給者、顧客の代表、など	・プロジェクトマネジャー ・設計技術者 ・技術専門家 ・製造担当者 ・メンテナンス担当者 ・購買担当者、供給者、など

図 1.14　FMEA チームメンバーの構成例

[FMEA実施のタイミング]

図1.9において、FMEAは設計・開発とともに実施して完成させることを述べましたが、FMEAはその後も図1.15に示した各段階で実施します。すなわちFMEAは、種々の変更が発生した際に見直しが必要です。

[FMEAプロジェクト計画時の実施事項]

FMEA 7ステップアプローチの最初のステップ1、すなわちFMEAプロジェクト計画時における実施事項を図1.18に示します。すなわち、FMEAの意図(inTent)、FMEAのタイミング(timing)、FMEAチーム(team)、FMEAのタスク(task)、FMEAツール(tool)の5Tについて検討します。

区　分	FMEAの実施時期	内　容
FMEAの新規実施－生産開始前	①　新規設計、新規技術、新規プロセスの開始	・FMEAの範囲は、設計、技術、またはプロセス全般となる。
	②　既存の設計またはプロセスの新規分野への適用	・FMEAの範囲は、新しい環境、場所、用途、または使用条件(使用率、法規制要求事項など)への適用が、既存の設計またはプロセスに与える影響に焦点をあてる。
	③　既存の設計またはプロセスに対する技術的変更	・新しい技術開発、新しい要求事項、製品のリコールや市場での故障情報にもとづく、設計やプロセスの変更 ・FMEAの範囲は、設計／プロセスの変更箇所、および変更によって起こり得る影響および市場での経緯に焦点をあてる。
FMEAの見直し－生産開始後	・設計またはプロセスの変更 ・運用条件の変更(例：運転・整備など自動車が使用される環境) ・要求事項の変更(例：法律、基準、顧客、最新技術) ・品質問題の発生(例：工場での不具合発生、ゼロマイレージ(出荷時の品質)、市場での不具合、社内外の苦情) ・ハザード分析およびリスクアセスメント(HARA)の変更 ・脅威分析およびリスクアセスメント(TARA)の変更 ・製品監視の結果 ・学んだ教訓の取込み	

図1.15　FMEA実施のタイミング

[FMEA の顧客]

FMEA では、図 1.16 に示す 4 者の顧客について考慮し、これらの顧客への故障の影響を考慮することが必要です。

[FMEA と設計管理・工程管理との関係]

FMEA と設計管理および工程管理との関係を図 1.17 に示します。

ここで、プロセス FMEA ③の“プロセス FMEA に入ってくる部品・材料は問題ないものと見なす”とは、部品・材料の FMEA を考慮しなくてもよいということではなく、部品・材料は、部品・材料としての別の FMEA として考えるということです。IATF 16949 では、部品・材料の供給者に対しても、FMEA の作成を求めています。

区 分	内 容
エンドユーザー(最終顧客)	・自動車の運転者・同乗者、他の自動車の運転者・同乗者、歩行者など
直接顧客	・自動車メーカー(OEM)または製品の購入者、出荷先工場
次工程	・組織の次工程(後工程)
法規制	・自動車に関係する、安全・環境に関する法規制

[備考] OEM：original equipment manufacturer、自動車メーカー

図 1.16 FMEA の 4 者の顧客

設計 FMEA	プロセス FMEA
① 設計の弱点を工程管理によって補うことは考慮しない。 ② 製造工程には、工程能力などの技術的な限界があることを考慮する。 ・例：製造工程において必要な工程能力が達成されている場合は、問題が起こらないように、製品設計で考慮する。	① 製造プロセスにおける弱点を、製品の設計変更によって対応することは考慮しない。 ② 設計 FMEA でフィルターコード(特殊特性など)として考慮された製品特性に影響するプロセスパラメータを、プロセス FMEA で考慮する。 ③ プロセス FMEA に入ってくる部品・材料は問題ないものと見なす。

図 1.17 FMEA と設計管理および工程管理との関係

項　目	内　容
プロジェクト開始時に検討し、明確にする事項	①　FMEAプロジェクト開始時に、次の5つのテーマ(5T)について検討する。 a）FMEAの意図(inTent)：FMEAの目的 b）FMEAのタイミング(timing)：実施時期。事後ではなく事前の活動 c）FMEAチーム(team)：部門横断チームメンバーの選定 d）FMEAのタスク(task)：実施事項と課題 e）FMEAツール(tool)：使用するFMEA技法、ソフトウェアなど
a）FMEAの意図	①　FMEAチームメンバーが、FMEAの目的と意図を理解する。
b）FMEAのタイミング	①　FMEAは、製品設計またはプロセス開発の早い段階で開始する。 ②　FMEAは、プロジェクト計画に従って実行し、実行状況を評価する。
c）FMEAチーム	①　FMEAチームは、必要な知識をもつ部門横断的なメンバーで構成する。 ②　FMEAチームの役割と責任の明確化： ・プロジェクトマネジャー、FMEAチームメンバー、拡大チームメンバー ・設計エンジニア、プロセスエンジニア、ファシリテーター(幹事役)など
d）FMEAのタスク	①　FMEAは、7ステップアプローチで進める。
e）FMEAツール	①　使用するFMEAツール(様式、ソフトウェアパッケージなど)を決める。 ・データベース技法の開発、市販のソフトウェアの使用など

図1.18　FMEAプロジェクト計画時の実施事項

1.7　IATF 16949とFMEA

IATF 16949規格における、FMEAに関する要求事項を図1.19に示します。この中には、設計・開発に関係するもの以外に、製造工程の管理に関係するものなど、FMEAに関する種々の要求事項が含まれています。

IATF 16949規格の基本規格であるISO 9001規格が、2015年の改訂においてリスクへの取り組みの規格になったことを受けて、IATF 16949では、FMEAは製品と製造工程の設計・開発のツールに留まらず、製造工程の管理を含む広い範囲における、リスク低減手法として位置づけられています。

1.8　FMEAの種々の分野への活用

FMEAは、図1.24 (p.27)に示すように、設計・開発のツールという範囲を超えて、種々の分野に活用することができます。

項　目	要求事項
4.4.1.2 製品安全	・製品安全に関係する製品と製造工程の運用管理の文書化したプロセスをもつ。これにはFMEAに対する特別承認を含める。
7.2.3 内部監査員の力量	・製造工程監査員は、監査対象となる製造工程の、工程リスク分析(PFMEAのような)を含む、専門的理解を実証する。
7.2.4 第二者監査員の力量	・第二者監査員は、適格性確認に対する…PFMEAおよびコントロールプランを含む製造工程の力量を実証する。
7.5.3.2.2 技術仕様書	・技術規格・仕様書の変更は、リスク分析(FMEAのような)…要求される。
8.3.2.1 設計・開発の計画－補足	・部門横断的アプローチで推進する例には、次のものがある。 －製品設計リスク分析(DFMEA)の実施・レビュー －製造工程リスク分析の実施・レビュー(例：PFMEA)
8.3.3.3 特殊特性	・特殊特性を特定するプロセスを確立する。それにはリスク分析(FMEAのような)における特殊特性の文書化を含める。
8.3.5.1 設計・開発からのアウトプット－補足	・製品設計からのアウトプットには、設計リスク分析(DFMEA)を含める。
8.3.5.2 製造工程設計からのアウトプット	・製造工程設計からのアウトプットには、プロセスFMEA(PFMEA)を含める。
8.5.1.1 コントロールプラン	・…製造工程リスク分析のアウトプット(FMEAのような)からの情報を反映する、コントロールプランを作成する。
8.5.6.1.1 工程管理の一時的変更	・代替管理…このプロセスにリスク分析(FMEAのような)にもとづいて、内部承認を含める。
8.7.1.4 手直し製品の管理	・手直し工程におけるリスクを評価するために、リスク分析(FMEAのような)の方法論を活用する。
8.7.1.5 修理製品の管理	・修理工程におけるリスクを評価するために、リスク分析(FMEAのような)の方法論を活用する。
9.1.1.1 製造工程の監視および測定	・PFMEAが実施されることを確実にする。
9.2.2.3 製造工程監査	・製造工程監査には、工程リスク分析(PFMEAのような)が効果的に実施されていることの監査を含める。
9.3.2.1 マネジメントレビューへのインプット－補足	・マネジメントレビューへのインプットには、リスク分析(FMEAのような)で明確にされた潜在的市場不具合の特定を含める。
10.2.3 問題解決	・適切な文書化した情報(例：PFMEA)のレビュー・更新を含む、問題解決の方法を文書化したプロセスをもつ。
10.2.4 ポカヨケ	・ポカヨケ手法の詳細は、プロセスリスク分析(PFMEAのような)に文書化する。
10.3.1 継続的改善－補足	・継続的改善の文書化したプロセスをもつ。 ・このプロセスには、リスク分析(FMEAのような)を含める。

図 1.19　IATF 16949 要求事項と FMEA

1.9 FMEAハンドブック改訂の概要

今まで自動車産業のFMEAのスタンダード的存在であった、AIAG(アメリカ)のFMEA参照マニュアル第4版から、AIAGとVDA(ドイツ)の共同作業の結果新しく発行された、AIAG & VDA FMEAハンドブックへの主な変更点には、次の事項があります(図1.20参照)。

FMEAは、VDA FMEAの5ステップアプローチの構造分析手法にもとづいた、7ステップアプローチで進めることになりました(図1.21参照)。

項　目	内　容
FMEA実施プロセスの明確化	①　FMEAの実施プロセスとして、ステップ1（計画と準備）、ステップ2(構造分析)、ステップ3(機能分析)、ステップ4(故障分析)、ステップ5(リスク分析)、ステップ6（最適化）、およびステップ7（結果の文書化）の7つのステップを定義している。 ②　この7ステップアプローチは、従来のVDA FMEAの5ステップアプローチの構造分析手法にもとづいている。
管理項目の見直し	①　FMEAの管理項目(品目・機能、要求事項、故障モード、故障影響、故障原因、改善処置など)の見直しが行われた。 ②　FMEA分析対象要素だけでなく、その上位レベルおよび下位レベルについても検討対象となった。 ②　改善処置の項目欄が、予防処置欄と検出処置欄に分かれた。
S／O／D評価基準の見直し	①　S(影響度)、O(発生度)、D(検出度)の評価基準の全面的な見直しが行われた。 ②　また、S／O／Dの各評価表に、“組織または製品ラインの例”の欄が追加された。
改善処置優先度基準の変更	①　リスク評価基準としてのS／O／Dを単純に掛けたRPN(リスク優先数)に代わり、AP(処置優先度)が設けられた。 ②　すなわち、リスク低減処置の優先順位付けの方法が、S／O／Dの順から、S／O／Dを総合的に評価する方法(AP)に変わった。
新しいFMEAの登場	①　設計FMEAおよびプロセスFMEAに加えて、新たに監視およびシステム応答の補足FMEA(FMEA-MSR)が開発された。 ②　これは、安全な状態および法規制順守の状態を維持するために、顧客運用(運転・整備など)中の診断検出と故障リスク低減の手段を提供するもので、自動車の機能安全ISO 26262に対応している。

図1.20　FMEAハンドブック改訂の概要

設計 FMEA およびプロセス FMEA に加えて、自動車運用(運転・整備)中の診断検出と故障リスク低減の手段を提供するための、新たに監視およびシステム応答の補足 FMEA(FMEA-MSR)が開発されました。

これは、自動車の機能安全規格 ISO 26262 に対応するもので、このたびの改訂の目玉といえます。ISO 26262 の概要については、第 5 章で解説します。

FMEA の管理項目の見直しが行われ、FMEA 解析の対象とする要素だけでなく、上位レベルおよび下位レベルについても検討対象となりました。

S(影響度)、O(発生度)、D(検出度)の評価基準の見直しが行われました。また各評価表に、“組織または製品ラインの例” の欄が追加されました。

S／O／D を単純に掛けた RPN(リスク優先数)に代わり、AP(処置優先度)が設けられ、リスク低減処置の優先順位づけの方法が、S／O／D の順から、S／O／D を総合的に評価する方法に変わりました。

FMEA 新旧様式の比較を図 1.22 に示します。

AIAG & VDA FMEA 7 ステップ						
ステップ 1 計画と準備	ステップ 2 構造分析	ステップ 3 機能分析	ステップ 4 故障分析	ステップ 5 リスク分析	ステップ 6 最適化	ステップ 7 結果の文書化
プロジェクトの定義	分析対象の明確化	機能・要求事項の明確化	故障チェーンの明確化	現在の管理方法の明確化とリスク評価	リスク低減処置の明確化と実施	分析結果と結論の文書化と伝達

⇕ ⇕ ⇕ ⇕ ⇕

ステップ 1 構造分析	ステップ 2 機能分析	ステップ 3 故障分析	ステップ 4 対策分析	ステップ 5 最適化
分析対象要素の明確化	構造要素の機能の明確化	機能に対する故障内容の明確化	現在の予防管理・検出管理の文書化	追加対策によるリスク低減
VDA FMEA 5 ステップ				

図 1.21　VDA FMEA 5 ステップと AIAG & VDA FMEA 7 ステップ

設計FMEA様式

構造分析（ステップ2）			機能分析（ステップ3）			故障分析（ステップ4）				リスク分析（ステップ5）						最適化（ステップ6）												
上位レベル	分析対象	下位レベル	上位レベルの機能・要求事項	分析対象の機能・要求事項	下位レベルの機能・要求事項	上位レベルの故障影響FE	影響度S	分析対象の故障モードFM	下位レベルの故障原因FC	現在の予防管理PC	発生度O	現在の検出管理DC	検出度D	処置優先度AP	フィルターコード	追加の予防処置	追加の検出処置	責任者	完了予定日	処置状態	処置内容と証拠	完了日	影響度S	発生度O	検出度D	処置優先度AP	フィルターコード	備考

旧FMEA様式

DFMEA 品目／機能 PFMEA 工程／機能	要求事項	故障モード	故障影響	影響度S	分類	故障原因	現在の管理方法				RPN	処置計画	責任者予定日	処置結果				
							予防管理	発生度O	検出管理	検出度D				改善処置	S	O	D	RPN

プロセスFMEA様式

構造分析（ステップ2）			機能分析（ステップ3）			故障分析（ステップ4）				リスク分析（ステップ5）							最適化（ステップ6）												
プロセス	プロセスステップ／分析対象	プロセス作業要素	プロセスの機能	プロセスステップ／分析対象の機能・製品特性	プロセス作業要素の機能・プロセス特性	プロセスの故障影響FE	影響度S	プロセスステップ／分析対象の故障モードFM	プロセス作業要素の故障原因FC	現在の予防管理PC	発生度O	現在の検出管理DC	検出度D	処置優先度AP	特殊特性	フィルターコード	追加の予防処置	追加の検出処置	責任者	完了予定日	処置状態	処置内容と証拠	完了日	影響度S	発生度O	検出度D	特殊特性	処置優先度AP	備考

図1.22　新旧FMEA様式の比較

1.10　新しい FMEA への移行

従来の AIAG FMEA マニュアル第 4 版または VDA の FMEA マニュアルを使用して作成された既存の FMEA から、新しい FMEA への移行に関して、FMEA ハンドブックでは図 1.23 に示すように述べています。適切な対応が必要です。

<table>
<tr><th>区　分</th><th colspan="2">移行方法</th></tr>
<tr><td rowspan="2">従来の AIAG FMEA マニュアル第 4 版または VDA の FMEA マニュアルを使用して作成された既存の FMEA</td><td rowspan="2">・新しい FMEA への移行を慎重に計画する。</td><td>・実用的な場合は、既存の FMEA は、新しい FMEA に変換する必要がある。</td></tr>
<tr><td>・ただし、FMEA チームが、新しい FMEA は既存製品に対する小さな変更であると判断した場合は、FMEA を既存の様式のままにすることができる。</td></tr>
<tr><td rowspan="2">新しいプロジェクト（新製品・新製造工程）の FMEA</td><td>・新しいプロジェクトの FMEA は、新しい FMEA ハンドブックに従う。</td><td rowspan="2">・新しいプロジェクトがこの方法に従うための移行タイミングとプロジェクトのマイルストーンは、顧客固有の要求事項を考慮して、組織が決定する。</td></tr>
<tr><td>・ただし、顧客固有の要求事項（CSR）が、異なるアプローチを要求している場合は、それに従う。</td></tr>
</table>

図 1.23　新しい FMEA への移行

<table>
<tr><th>区　分</th><th>FMEA の活用</th></tr>
<tr><td>ソフトウェア</td><td rowspan="2">・FMEA ハンドブックでは、FMEA は、ソフトウェア開発や、設備の設計・管理に適用できることを述べている。</td></tr>
<tr><td>設備</td></tr>
<tr><td>リスク分析</td><td>・IATF 16949 規格では、製造工程の管理や変更管理に FMEA を使用してリスク分析を行うことを述べている。</td></tr>
<tr><td>安全</td><td>・IATF 16949 の要求事項である安全管理に、FMEA を活用できる。</td></tr>
<tr><td>購買</td><td>・購買関係のリスク管理に FMEA を活用することができる。</td></tr>
</table>

図 1.24　FMEA の種々の分野への活用の例

1.11　FMEAハンドブックの課題

今までのAIAGのFMEA参照マニュアルと、VDAのFMEA参照マニュアルの2つが統合され、新しいFMEAハンドブックが制定されたことは好ましいことですが、筆者の私見になりますが、FMEAハンドブックについての課題について下記します。

[RPNからAPへの変更に関して]

改善処置の優先度を表す指標として、従来のリスク優先数(RPN)から処置優先度(AP)に変更されました。変更の理由は、リスク低減のためには、顧客への影響度(厳しさ、S)が、最も重要であるため、

$$RPN = S \times O \times D \quad \cdots①$$

という計算式で求めたRPNは適切ではないということです。

この説明は理解できます。しかし問題は、①のRPNの計算式にあったのではないかと考えます。リスク低減の優先順位が、S／O／Dの順番にあるのであれば、①の計算式ではなく、例えば、

$$RPN = S^2 \times O + D \quad \cdots②$$

のような計算式を使えば、S／O／Dの優先順位のRPNとなります。種々のFMEAの参考書を見ると、②のように、二乗や、掛け算と足し算の組合せなどの、種々の工夫をこなしたRPNの計算式が使用されています。

FMEAハンドブックのAP(処置優先度)では、例えば、“H(高)”と評価された故障モードは、ある程度のリスク低減の処置をとっても、“H(高)”から“M(中)”に下がらず、よほど大きな改善でないと、効果が見えません。

[FMEA-MSRの対象を電気電子システムに限定していることに関して]

FMEA-MSR(監視およびシステム応答の補足FMEA)の対象は、車載用の“電気電子システム”ということになっています。しかし例えば、ブレーキシステムに関して、あるブレーキ部品にひび割れが発生したというような障害(fault)を検出して、ブレーキがきかなくなるという故障モードの発生を防止するように、“電気電子システム”に限定しなくてよいのではないかと考えます。

1.12 用語の解説

FMEA および ISO 26262 で使用される、主な用語の解説を以下に示します。

用　語	解　説
4M	4つの作業要素。人(man)、機械(machine)、材料(material)、環境(environMent、milieu)
5T	FMEA の最初のステップ 1(計画と準備)で検討する 5 項目。inTent(意図)、timing(タイミング)、team(FMEA チーム)、task(タスク)、tool(ツール)
7 ステップアプローチ 7 step approach	FMEA を実施する手順。ステップ 1(計画と準備)、ステップ 2(構造分析)、ステップ 3(機能分析)、ステップ 4(故障分析)、ステップ 5(リスク分析)、ステップ 6(最適化)、およびステップ 7(結果の文書化)からなる。
AIAG automotive industry action group	アメリカ自動車産業協会。IATF 16949 関係の文書は、AIAG から発行されている。
ALARP as low as reasonably practicable	合理的に実施可能なレベルまでリスクを下げること。
AP action priority	“処置優先度” 参照
APQP advanced product quality planning	AIAG(アメリカ)のプロジェクトマネジメントで、新製品の設計・開発の手順を決めた、先行製品品質計画
ASIL automotive safety integrity level	“自動車安全度水準” 参照
A-SPICE automotive software process improvement and capability dEtermination	オートモーティブスパイス。ヨーロッパの自動車産業で使用されている、自動車機能安全や車載ソフトウェア開発プロセスの枠組みを定めた業界標準のプロセスモデル
CMMI capability maturity model integration	アメリカで開発された能力成熟度モデル統合で、システム開発を行う組織が、プロセス改善を行うためのガイドラインを示したもの。オートモーティブスパイスのアメリカ版
DFMEA design failure mode and effects analysis	“設計 FMEA” 参照
DPF dual point fault	“デュアルポイント障害” 参照

用　語	解　説
DTC diagnostic trouble code	“故障コード”参照
ECU electronic control unit	電子制御装置。自動車用電子制御システムの中心。マイコン、コントローラとも呼ばれる。
EMC electromagnetic compatibility	電磁両立性。電気・電子機器について、それらから発する電磁妨害波が他のどのような機器、システムに対しても影響を与えず、またほかの機器、システムからの電磁妨害を受けても、自身も満足に動作する耐性
FDTI fault detection time interval	“障害検出時間間隔”参照
FHTI fault handring time interval	“障害処理時間間隔”参照
fit failure in time	“故障率”参照
FMEA failure mode and effects analysis	“故障モード影響解析”参照
FMEA-MSR supplemental FMEA for monitoring & system response	監視およびシステム応答の補足FMEA。自動車の安全な状態または法規制順守の状態を維持するために、顧客運用(運転・整備など)中の、故障診断検出および故障リスク低減の手段を提供するFMEA
FRTI fault response time interval	“障害応答時間間隔”参照
FTA fault tree analysis	“故障の木解析”参照
FTTI fault tolerant time interval	“障害耐性時間間隔”参照
HARA hazard analysis and risk assessment	“ハザード分析およびリスクアセスメント”参照
IATF 16949	自動車産業の品質マネジメントシステム規格。ISO 9001規格を基本規格とする。
IEC international electrotechnical commission	国際電気標準会議。電気工学、電子工学、および関連した技術を扱う国際的な標準化団体
IEC 61508	機能安全基本規格。ISO 26262の基本規格
ISO 26262	自動車の機能安全規格
LFM latent fault metric	潜在的障害検出率

用 語	解 説
MLA maturity level assurance	VDA(ドイツ)のプロジェクトマネジメントで、新製品の設計・開発の手順を決めた、新規部品の成熟度レベル保証
MPF multi point fault	“マルチポイント障害” 参照
OEM original equipment manufacturer	(自動車産業では)自動車メーカーのこと
PFMEA proess failure mode and effects analysis	“プロセス FMEA” 参照
PL product liability	“製造物責任” 参照
PMHF probabilistic metric for random hardware failures	偶発的ハードウェア故障の確率的定量値
RPN risk priority number	リスク優先数、危険度。影響度(S)、発生度(O)および検出度(D)を掛けあわせた値。RPN = S × O × D、 FMEA のリスク低減の優先順位を示す。
SIL safety integrity level	“安全度水準” 参照
SPF single point fault	“シングルポイント障害” 参照
SPFM single point fault metric	単一箇所における障害検出率
TARA threat analysis and risk assessment	脅威分析とリスク評価。ISO 26262 におけるコンセプトフェーズで実施するリスク管理のための一連の活動を指し、資産の洗い出し、脅威の洗い出し、リスクアセスメントの 3 つの工程で実施される。リスクアセスメントでは、リスクの影響度(S)と発生可能性(E)からリスクレベルが決定される。
VDA verband der automobilindustrie	ドイツ自動車工業会。IATF 16949 関係の文書は、VDA から発行されている。
WDT watch dog timer	“ウォッチドッグタイマー” 参照
アイテム item	機能安全を実現する対象。ISO 26262 が適用されるシステムまたはシステムの組合せ
アクチュエータ actuator	入力されたエネルギーを物理的な運動に変換する装置

用　語	解　説
安全 safety	受入できないリスクがない状態、または不合理なリスクが存在しない状態。人への危害または資機材の損傷の危険性が、許容可能な水準に抑えられている状態
安全側障害 safe fault	安全目標を侵害しない障害(フォールト)
安全機構 safety mechanism	セーフティメカニズム、安全を確保するための仕組み
安全コンセプト safety concept	安全概念、セーフティコンセプト
安全状態 safe state	不合理なレベルのリスクが存在しないアイテムの動作モード
安全度水準 safety integrity level	SIL。自動車安全度水準 ASIL の基本
安全目標 safety goal	ハザード分析の結果、設計される安全の目標
ウォッチドッグタイマー watch dog timer	WDT、安全機構。システムや機器が正常に動いているかどうかを監視するための装置。WDT は、マイコンのデッドロック(固まり)は検知できるが、マイコンの演算異状は検知できない。
影響度 severity	S、重大度、厳しさ。故障が発生したときに受ける影響の程度
エレメント element	システム、コンポーネント(ハードウェアまたはソフトウェア)、ハードウェア部品またはソフトウェアユニットなど
頑強 robust	ロバスト、堅牢
監視度 monitoring	M、モニタリング、監視応答度
危害 harm	人の健康に対する身体的な傷害または被害
危険事象 hazardous event	ハザードと運用状況の組合せ
基礎 FMEA foundation FMEA	プロジェクト固有ではない FMEA で、要求事項、機能、および処置の一般化を行うもの。基礎 FMEA は、新しいプロジェクトの FMEA の出発点として役立つ FMEA で、過去の開発で得られた組織の知識が含まれる。

用　語	解　説
機能安全 functional safety	安全対策によって許容できないリスクから免れるための技術のこと。機能安全規格 IEC 61508 および自動車の機能安全規格 ISO 26262 などがある。
機能安全コンセプト functional safety concept	FSC。安全目標が設計によって確実に満たされるための要求事項
機能ツリー／ネット function tree/function net	上位レベルの機能と下位レベルの機能との関係を図表化したもの
機能分析 function analysis	機能解析。FMEA 実施のステップ 3
キャロットダイアグラム carrot diagram	上部の幅の広い側はリスクが大きく危険な状態、下部の幅の狭い側はリスクが小さく安全な状態を示す、逆三角形の概念図。人参の図
検出度 detection	D。検出可能性
検出される MPF multi point fault detected	安全機構によって検出(通知)される障害
検証 verification	システムは、(V 字の左の)設計どおりにできているかどうかの評価
構造ツリー structure tree	システム要素とその依存関係との間の階層リンクを図で表現したもの
構造分析 sructure analysis	FMEA 実施のステップ 2。外力や内力による構造物の変形や応力の状態を定量的に把握し分析すること
顧客運用 customer operation	顧客運用には、エンドユーザー操作、すなわち自動車の使用中の操作および整備などがある。
故障コード diagnostic trouble code	DTC。診断トラブルコード
故障 failure	障害が起きて、その結果として使えなくなる場合。失敗(要求事項への不適合)を含む。障害(fault)の結果。 ［ISO 26262］アイテムやエレメントが、本来の機能や性能を逸脱した状態(結果)
故障影響 failure effects	FE、故障の影響。1 つの故障に対して、複数の影響がある場合がある。
故障原因 failure cause	FC、故障の原因。1 つの故障に対して、一般的に複数の原因がある。
故障チェーン failure chain	故障連鎖。故障影響－故障モード－故障原因からなる。

用　語	解　説
故障モード影響解析 failure mode and effects analysis	故障モード影響解析。製品や製造工程において発生する可能性のある潜在的な故障を、製品または製造工程の設計段階であらかじめ予測して、実際に故障が発生する前に、故障の発生を予防または故障が発生する可能性を低減させるための解析手法
故障ネットワーク failure network	複数の故障チェーンのつながり
故障の木解析 fault tree analysis	製品の故障、およびそれにより発生した事故の原因を分析する手法。機器の信頼性、安全性を高めるために利用されている。また、定量的な故障の発生頻度分析のために、原因の潜在危険を論理的にたどり、それぞれの発生確率を評価する手法である。
故障分析 failure analysis	故障解析。FMEA 実施のステップ 4
故障モード failure mode	FM、故障内容。故障影響の原因、故障原因の結果
故障率 failure in time	1fit=1 × 10^{-9}/hour
コンセプト concept	概念
コントローラ controller	電子制御装置(ECU)と同義
サプライヤー supplier	顧客から見た供給者、組織のこと
残存障害 residual fault	安全方策実施後に残った障害安全機構があるが、カバーされない障害(フォールト)。安全目標を侵害する。
残存リスク residual risk	安全対策を講じた後に残るリスク
システム system	センサー、電子制御装置(ECU)およびアクチュエータが相互に関連した、コンポーネントまたはサブシステムの集合
システム要素 system element	構造ツリーで表されるシステムの要素
システム応答 system response	検出された障害に対するシステムの応答。通常、機能の低下(縮退)または無効化、運転者への警告、および故障コードの設定などの形式で行われる。

用　語	解　説
自動車安全度水準 automotive safety integrity level	ASIL。自動車において、障害が発生した際の起こるハザードに対して、危害の影響度(S)、曝露可能性(E)および制御可能性(C)から決定される。ASIL は ASIL A から ASIL D までの4段階がある。
設計 FMEA design failure mode and effects analysis	設計故障モード影響解析。製品において発生する可能性のある潜在的な故障を、製品の設計段階であらかじめ予測して、実際に故障が発生する前に、故障の発生を予防または故障が発生する可能性を低減させるための解析手法
主要車両機能 primary vehicle function	車両の基本的目的を達成するために不可欠な機能。 例：ステアリング、ブレーキ、駆動力、視界など
順守 complying	コンプライアンス、法令順守(遵守)
障害 fault	フォールト。エレメントまたはアイテムの故障を引き起こす可能性のある異常な状態。フォールトとは通常、故障に至る小さなレベルの“問題発生”のこと。 ［ISO 26262］アイテム(item、機能安全を実現する対象)やエレメント(element、部品)を、本来の機能や状態から逸脱させることにつながる異常な状態、故障の原因
障害応答時間間隔 fault response time interval	FRTI。対象システムの障害(fault)を検出してから、安全状態になるように応答する時間間隔
障害検出時間間隔 fault detection time interval	FDTI。対象システムに障害(fault)が発生してから、その障害を検出するまでの時間間隔
障害処理時間間隔 fault handring time interval	FHTI、フォールトハンドリング時間間隔。障害が発生してから検出処置までの時間。障害検出時間間隔と障害反応時間間隔の和
障害耐性 fault torerance	フォールトトレランス。故障しても問題が起こらないように、他の部品で補う(二重系にする)こと
障害耐性時間間隔 fault tolerant time interval	FTTI、フォールトトレラント時間間隔、耐障害時間間隔。障害が発生してから、対策しないと危険事象が発生するまでの時間
処置優先度 action priority	リスク低減処置をとる優先度。影響度(S)、発生度(O)および検出度(D)の3つのランクを、処置優先度高(H)、中(M)および低(L)の3つに分類。RPN(リスク優先数)に代わるもの
シングルポイント障害 single point fault	SPF。安全機構がなく、単独で安全目標を侵害する障害(フォールト)

用　語	解　説
診断監視 diagnostic monitoring	診断モニタリング
診断率 diagnostic coverage	DC、ダイアグカバレッジ。安全機構(WDT)によって検出または制御されるハードウェア部品の故障の比率(安全機構による故障カバー率)
信頼性 reliability	アイテム(item、機能安全を実現する対象)が、与えられた条件下で、与えられた期間、要求事項を遂行できる能力
ステートオブザアート state of the art	最新技術、最先端技術、最善策。最大限の努力によって実現し得る最良の技術や対策によって安全性を確保すべきレベル。ベストプラクティスに準拠
制御可能性 controlability	C。故障が発生したときにドライバー(運転者)が故障を回避できる確率
製品安全 product safety	製品の安全性
セーフティケース safety case	安全を主張するためのエビデンス(根拠となる成果物)の総称
ゼロマイレージ zero mileage	車両が、まだ組立工場から出荷されていない状態
制御因子 signal factor	シグナル因子。設計をノイズに対してより頑強(ロバスト)にするための制御因子(要素)
設計 FMEA design failure mode and effects analysis	製品において発生する可能性のある潜在的な故障を、製品の設計段階であらかじめ予測して、実際に故障が発生する前に、故障の発生を予防または故障が発生する可能性を低減させるための解析手法
センサー sensor	ある対象の情報を収集し、機械が取り扱うことのできる信号に置き換える素子や装置
潜在的 MPF multi point fault latent	潜在的(レイテント)障害。安全機構によって検出(通知)されることも、運転者によって認知されることもない(すなわち障害が隠れて潜在化する)。
ソフトウェアインザループ software in the loop	ソフトウェアインザループ(SIL)シミュレー ションは、リアルタイムシミュレーションの一種で、SIL シミュレーションを使用して、コントローラの設計をテストする。
ダイアグカバレッジ diagnostic coverage	DC。“診断率”参照
耐用期間 service life	耐用年数。車両の設計寿命。機能が正しく提供され、故障率が許容範囲内である動作間隔

用　語	解　説
妥当性確認 validation	本当に安全なシステムが作られたかどうかの評価
ディペンダビリティ dependability	信頼性、使用者が製品を信頼し、その信頼に依存(depend)できるという概念
テーラリング tailoring	組織や製品に合わせて作り直すこと。カスタマイズと同義
デフォールト default	あらかじめ設定されている標準状態・動作条件。初期設定、初期値
デュアルポイント障害 dual point fault	DPF。マルチポイント障害の一種で、2つの独立した障害によって安全目標の侵害につながる。
デューティサイクル duty cycle	“負荷率”参照
統合 integration	統合、整合、一体化
特殊特性 special characteristics	安全性、適合性、形状、性能、製品のさらなる加工、または政府規制および業界標準への順守に関して製品機能の故障に直接つながる特性
特性要因図 fishbone diagram	フィッシュボーンダイアグラム、石川ダイアグラム。一般的に6M(5M1E)の要素で構成される。
ドライバーインザループ driver in the loop	ドライバー(運転者)は制御ループの一部という意。製品サンプルを造る前の設計プロセスの早い段階において、エンジニアが、経験豊富なテストドライバーから信頼できる主観的な情報を受け取ること
二次車両機能 secondary vehicle function	一次車両機能およびユーザー経験を向上または可能にする機能。例：安全性、快適性、利便性、インタフェース、診断、および保守容易性
認知される MPF multi point fault perceived	運転者によって認知(知覚)される MPF
ノイズ因子 noise factor	システム応答に対する潜在的な変動の原因を表すパラメータで、意図したアウトプットを妨げるもの
ハードウェアインザループ hardware in the loop	ハードウェアインザループ(HIL)シミュレーションは、リアルタイムシミュレーションの一種で、HIL シミュレーションを使用して、コントローラの設計をテストする。 HIL シミュレーションを行って、組込 ECU(電子制御装置)を設計の早い段階で検証する。

用　語	解　説
ハイブリッド故障チェーン hybrid failure chain	故障原因、故障モード、意図された監視制御、低減された故障影響で構成される。
曝露可能性 exposure	E。ある前提条件で(例：高速道路を進行中)ハザード(危害になり得る潜在的な原因)が発生する確率
ハザード hazard	アイテムの機能不全の振舞いにより引き起こされる、危害になり得る潜在的な原因
ハザード分析 hazard analysis	危険性分析
ハザード分析およびリスク評価 hazard analysis and risk assessment	HARA。電気電子システム欠陥時に起こる危険事象を識別・分類し、安全目標とASILを決定するための手法
発生度 occurrence	O。発生可能性
発生頻度 frequency	F。潜在頻度 発生頻度(F)＝曝露可能性(E)×制御可能性(C)
パラメータ図 parameter diagram	分析対象の環境を図示したもの。アウトプットを最適化するために必要な設計上の考慮事項に焦点を当てて、インプットとアウトプットの間の伝達に影響を与える因子が含まれる。
ファミリーFMEA family FMEA	共通した製品ファミリー、または共通した製造プロセスに対するFMEA
フィルターコード filter code	仕様への適合を保証するためにプロセス管理が必要な特性
フェールセーフ fail safe	故障安全性。装置またはシステムが故障した場合に、安全サイドに作動を移行させること。故障が発生しても、常に安全になるように(事故にならないように)設計する。機能の停止を含む。
フォールト fault	“障害”参照
フォールトハンドリング時間間隔 fault handring time interval	“障害処理時間間隔”参照
フォールトトレラント時間間隔 fault tolerant time interval	“障害耐性時間間隔”参照

用　語	解　説
負荷率 duty cycle	デューティサイクル、負荷サイクル、使用率。周期的な現象において、“ある期間”に占める“その期間で現象が継続される期間”の割合
プロセスFMEA process failure mode and effects analysis	プロセス故障モード影響解析。製造工程において発生する可能性のある潜在的な故障を、製造工程の設計段階であらかじめ予測して、実際に故障が発生する前に、故障の発生を予防または故障が発生する可能性を低減させるための解析手法
ブロック図 block diagram	システムを図示したダイアグラムで、基本構成要素や機能をブロックで表し、それらを線で繋いでブロック間の関係を示したもの。境界図と同義語
分析対象 focus element	フォーカスエレメント、焦点とする要素、分析の主題
ベストプラクティス best practice	最善の方法
マルチポイント障害 multi point fault	MPF。他の障害との組合せで、安全目標を侵害すること
ライフサイクル life cycle	製品のコンセプト(概念設定)から設計、生産、使用、廃棄に至るまで
リスク risk	危害が発生する確率とその危害の重大度との組合せ
リスクアセスメント risk assessment	リスク分析
リンプホーム limp home	最低限の機能維持。“limp”は足を引きずって家までたどり着くの意

第2章

設計 FMEA

この章では、設計 FMEA の実施手順について説明します。

この章の項目は、次のようになります。

2.1　設計 FMEA 実施のステップ

設計 FMEA は、図 1.11(p.17)に示した、7ステップアプローチで実施します。設計 FMEA 実施のフローを図 2.1 に、設計 FMEA の様式の例を図 2.2 に、設計 FMEA 各ステップの目的を図 2.3 に、各項目の内容を図 2.4 に示します。

ステップ 2（構造分析）では、FMEA 解析の対象となる分析対象(フォーカスエレメント、focus element)、分析対象の上位レベル(システム、顧客など)および下位レベル(部品、特性など)を明確にします。

ステップ 3（機能分析）では、分析対象の機能・要求事項、上位レベルの機能・要求事項、および下位レベルの機能・要求事項を明確にします。

ステップ 4(故障分析)では、分析対象に関して起こる可能性がある故障内容(潜在的故障モード)、故障が起こったときの上位レベル(顧客)への影響、故障の原因(下位レベルの故障原因)を明確にします。

ステップ 5（リスク分析）では、故障モードに対して現在行っている管理(予防管理および検出管理)の方法を明確にし、リスクの程度を評価します。

ステップ 6(最適化)では、リスク低減の処置を計画して実施します。

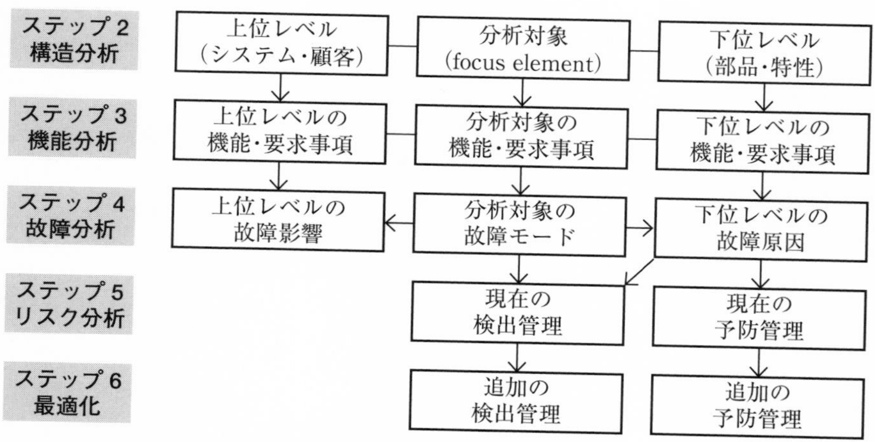

図 2.1　設計 FMEA 実施のフロー

計画と準備(ステップ1)		
組織名： 技術部門の場所： 顧客名または製品ファミリ： モデル年／プログラム：	件名(DFMEA プロジェクト名)： DFMEA 開始日： DFMEA 改訂日： 部門横断チーム：	DFMEA ID 番号： 設計責任(DFMEA オーナーの名前)： 機密性レベル：

注1		構造分析(ステップ2)			機能分析(ステップ3)			故障分析(ステップ4)			
注2	番号	上位レベル	分析対象 focus element	下位レベル	上位レベルの機能・要求事項	分析対象の機能・要求事項	下位レベルの機能・要求事項	上位レベルの故障影響 FE	FE の影響度 S	分析対象の故障モード FM	下位レベルの故障原因 FC
	1										
	2										
	⋮										

	リスク分析(ステップ5)						最適化(ステップ6)													
番号	FCに対する現在の予防管理 PC	FC の発生度 O	FC/FMに対する現在の検出管理 DC	FC／FM の検出度 D	処置優先度 AP	フィルターコード＊	追加の予防処置	追加の検出処置	責任者の名前	完了予定日	処置状態	処置内容と証拠	完了日	影響度 S	発生度 O	検出度 D	処置優先度 AP	フィルターコード＊	備考
1																			
2																			
⋮																			

［備考］ 注1：継続的改善、 注2：履歴／変更承認(該当する場合)、＊：オプション

図 2.2 設計 FMEA の様式の例

ステップ	実施項目	目的と実施事項
ステップ1 計画と準備	プロジェクトの定義	・プロジェクト(新製品)の定義 ・プロジェクト計画の作成：inTent(意図)、timing(タイミング)、team(チーム)、task(タスク)、tool(ツール)（5T)の検討 ・分析の境界の明確化：解析に含むものと除外するもの ・対象となる基礎FMEAの明確化
ステップ2 構造分析	分析対象の明確化	・FMEA分析範囲の明確化 ・構造ツリー(またはブロック図、境界図など)の作成 ・設計インタフェースの明確化 ・顧客とサプライヤーの共同作業(インタフェース)
ステップ3 機能分析	機能・要求事項の明確化	・製品機能の明確化 ・機能ツリー／機能ネット／機能分析様式、パラメータ図 ・技術チーム間の共同作業(システム、安全性、部品)
ステップ4 故障分析	故障チェーンの明確化	・故障チェーンの明確化：各製品機能の潜在的な故障影響、故障モード、故障原因 ・顧客とサプライヤーの共同作業(故障影響の特定)
ステップ5 リスク分析	現在の管理方法の明確化とリスク評価	・既存または計画されている管理方法の明確化とランク評価 ・故障原因に対する予防管理の明確化 ・故障原因および故障モードに対する検出管理の明確化 ・各故障チェーンに対する影響度、発生度、検出度の評価 ・処置優先度の評価 ・顧客とサプライヤーの共同作業(影響度の評価)
ステップ6 最適化	リスク低減処置の明確化と実施	・リスクを低減するための処置を決定し、それらの処置の有効性を評価 ・最適化は次の順序で行うのが最も効果的である。 －故障影響(FE)を低減するための設計変更 －故障原因(FC)の発生度(O)を下げるための設計変更 －故障原因(FC)または故障モード(FM)の検出度(D)を上げるための処置 ・FMEAチーム、管理者、顧客、サプライヤー間の共同作業
ステップ7 結果の文書化	分析結果と結論の文書化と伝達	・実施した処置の有効性の確認と、処置後のリスク評価などの処置の記録 ・組織内や、(必要に応じて)顧客とサプライヤー間で、リスク低減処置内容の伝達

図2.3　設計FMEA各ステップの目的

ステップ	項　目	内　容
ステップ 2 構造分析	上位レベル	・システム、サブシステム、サブシステムの集合、車両
	分析対象(focus element)	・サブシステム、部品、インタフェース名
	下位レベル	・部品、特性、インタフェース名
ステップ 3 機能分析	上位レベルの機能・要求事項	・車両、システムまたはサブシステムの機能および要求事項、または意図されたアウトプット
	分析対象の機能・要求事項	・サブシステム、部品またはインタフェースの機能および要求事項または意図されたアウトプット
	下位レベルの機能・要求事項	・部品またはインタフェースの機能または特性
ステップ 4 故障分析	上位レベルの故障影響(FE)	・車両、システムまたはサブシステムが、上位レベル要求機能を実行できない(失敗する)可能性がある方法
	FE の影響度(S)	・影響度(S)評価基準に従って評価
	分析対象の故障モード(FM)	・分析対象が要求機能を実行できず、故障影響につながる可能性がある方法
	下位レベルの故障原因(FC)	・サブシステム、部品またはインタフェースが、下位レベルの機能を実行できず、故障モードとなる方法
ステップ 5 リスク分析	FC に対する現在の予防管理(PC)	・実績のある過去の管理または計画されている予防管理
	FC の発生度(O)	・発生度(O)評価基準に従って評価
	FC/FM に対する現在の検出管理(DC)	・実績のある過去の管理または計画されている検出管理
	FC/FM の検出度(D)	・検出度(D)評価基準に従って評価
	処置優先度(AP)	・処置優先度(AP)評価基準に従って評価
	フィルターコード*	・仕様への適合のためにプロセス管理が必要な特性
ステップ 6 最適化	追加の予防処置	・発生度を低減するために必要な追加の予防処置
	追加の検出処置	・検出度を上げるために必要な追加の検出処置
	責任者	・役職や部署ではなく名前
	完了予定日	・年月日
	処置状態	・未決定、決定保留、実施保留、完了、処置なし
	処置内容と証拠	・処置内容、文書番号、報告書名称、日付など
	完了日	・年月日
	影響度(S)	・処置後の影響度(S)
	発生度(O)	・処置後の発生度(O)
	検出度(D)	・処置後の検出度(D)
	処置優先度(AP)	・処置後の処置優先度(AP)
	フィルターコード*	・仕様への適合のためにプロセス管理が必要な特性
	備考	・DFMEA チーム使用欄

［備考］ *：オプション

図 2.4　設計 FMEA 様式の各項目の内容

今までの AIAG の設計 FMEA 様式から“特殊特性”(special characteristic)の欄がなくなりました。仕様への適合を確実にするために、工程管理において確実な管理が必要であると、設計 FMEA チームが判断した場合は、設計 FMEA 様式の“フィルターコード”(filter code)欄を使用して、その情報をプロセス FMEA チームに伝達することになります(図 2.2 参照)。なお、分析対象の下位レベルの部品が存在しない場合は、特性タイプ(形状、材質、表面仕上げなど)を考慮します。設計 FMEA のインプット情報のうち構造ツリーは、今までの VDA の技法、ブロック図／境界図やパラメータ図は、AIAG の技法をとり入れたものと考えられます。図 2.5 では、FMEA 解析の各ステップにおける、構造ツリーの例を示します。

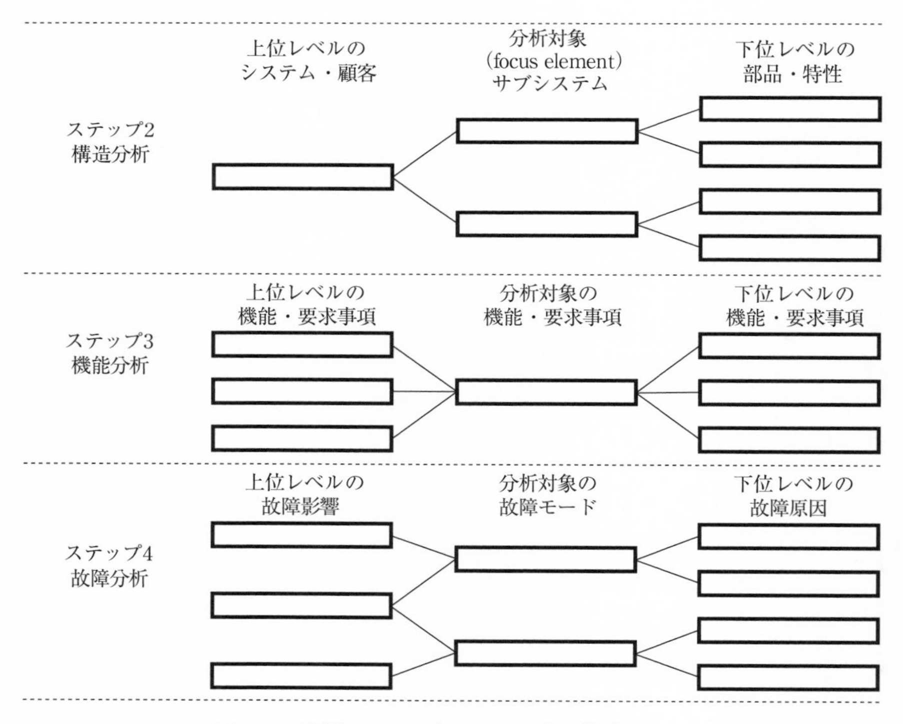

図 2.5　設計 FMEA 各ステップの構造ツリー

2.2　設計 FMEA の実施

設計FMEAは、図1.11(p.17)に示した7ステップで実施します。その概要は、前項で説明しました。ここでは、各ステップにおける実施事項の詳細について説明します。

[ステップ1(計画と準備)]

ステップ1（計画と準備)では、まず設計FMEA(DFMEA、design FMEA)の対象とするプロジェクト(新製品)を明確にします。

項　目	実施事項
DFMEAプロジェクトを特定する際の確認事項	・顧客および製品 ・新規要求事項の有無 ・製造する製品および購入製品に対する、設計管理の有無 ・インタフェース設計責任者：組織か、顧客か ・システム、サブシステム、部品、その他の解析レベルの必要性
DFMEAの境界を定義する際の確認事項	・法規制要求事項、技術的要求事項 ・顧客の要望／ニーズ／期待(外部・内部顧客)、要求仕様書 ・類似プロジェクトの図面(ブロック図／境界図) ・概略図、図面、3Dモデル ・部品表(BOM)、リスクアセスメント ・類似製品のDFMEA ・ポカヨケ要求事項 ・製造設計／組立設計(DFM／DFA)、品質機能展開(QFD)
DFMEAプロジェクト計画の作成	・DFMEAプロジェクト計画の作成：7ステップアプローチ ・計画作成時に5Tメソッド(inTent、timing、team、task、tool)を考慮
基礎DFMEAの特定	・該当する基礎DFMEA／ファミリーDFMEAの有無を確認する。 ・(ファミリー内の新製品の場合)新しいプロジェクト固有の部品および機能を、ファミリーDFMEAに追加する。 ・(該当する基礎DFMEAがない場合は)新規にDFMEAを開発する。
DFMEAのヘッダーの作成	・ヘッダー項目には、基本的なDFMEA範囲の情報が含まれる。 ・ヘッダーは組織のニーズにあわせて変更できる。

図2.6　設計FMEAの実施ーステップ1：計画と準備

設計 FMEA のステップ1における実施事項を図 2.6 に示します。また、設計 FMEA のヘッダーの例を図 2.7 に示します。

[ステップ2(構造分析)]

設計 FMEA のステップ2における実施事項を図 2.8 に示します。

まず、顧客を明確にします。顧客には、エンドユーザー(製品を使用する人)、直接顧客、および次工程の製造部門があります。システム構造を構成するシステム要素を明確にします。システム要素は、システム、サブシステム、アセンブリ・部品などで構成されます。構造分析様式は、分析対象(focus element)、上位レベル、および下位レベル／特性タイプの3つの部分からなります。このうち、分析対象は故障チェーンにおけるメインテーマで、これが解析の中心となります。上位レベルは解析範囲内で最も範囲の広いレベル、下位レベルは分析対象の下位レベルの要素です。

システム構造明確化のためのツールとしてブロック図／境界図や、構造分析構造ツリーなどを作成します(図 2.10、図 2.11 参照)。

ステップ2～ステップ4における構造ツリー作成の手順を図 2.9 に示します。

項　目	内　容
組織名	・DFMEA を担当する組織の名称
技術部門の場所	・組織の技術部門の所在地
顧客名または製品ファミリー	・顧客の名称または製品ファミリー名
モデル年／プログラム	・顧客のアプリケーション／プログラム、組織のモデル／スタイル
件名	・DFMEA プロジェクト名
DFMEA 開始日	・DFMEA 開始日
DFMEA 改訂日	・DFMEA の最新改訂日
部門横断チーム	・DFMEA チームの名簿
DFMEA ID 番号	・DFMEA 識別番号(組織として決定)
設計責任	・DFMEA オーナーの名前
機密性レベル	・業務用、組織の占有権の有無、機密レベルなどの区別

図 2.7　設計 FMEA のヘッダーの例

項　目	実施事項	
顧客の明確化	①　設計 FMEA では次の２つの主要な顧客を考慮する。 ・エンドユーザー：製品(自動車)を使用する人 ・組立・製造：車両／製品の製造・組立、材料処理を行う場所 ②　製品と組立プロセスとの間のインタフェースを考慮する。 ・後続(下流)の作業、あるいは次のティア製造プロセスを含む。	
システム構造の明確化	①　システム構造は、システム要素(element)で構成され、システム要素は、システム、サブシステム、アセンブリおよび部品で構成される。 ・システム構造明確化のためのツール：ブロック図／境界図、構造ツリーなど	
ブロック図／境界図の作成	①　ブロック図／境界図は、システムとそれが隣接するシステム、環境、および顧客とのインタフェースを表現するツールである。 ②　境界図を使用して、構造分析および機能分析で評価する分析対象を明確にできる。 ・ブロック図と境界図は特に区別しなくてよい。	
インタフェース分析	①　インタフェース分析は、ブロック図／境界図に図示されている、システムの要素間の相互作用を記述する。	
構造分析様式	上位レベル	・解析範囲内で最高(範囲の広い)レベル
	分析対象	・故障チェーンにおけるテーマ
	下位レベル	・分析対象から構造の下位レベルの要素

図 2.8　設計 FMEA の実施ーステップ 2：構造分析

ステップ	作成図	実施事項
ステップ 2 構造分析	ブロック図	・分析対象のプロジェクト(製品)に対して、上位レベル(システム)、分析対象(サブシステム)および下位レベル(部品)を記載した、ブロック図を作成する。
	構造分析構造ツリー	・ブロック図のすべての分析対象およびすべての下位レベルを記載した、構造分析構造ツリーを作成する。
ステップ 3 機能分析	機能分析構造ツリー	・構造分析構造ツリーに、各分析対象および下位レベルに対する機能・要求事項を追加した、機能分析構造ツリーを作成する。
ステップ 4 故障分析	故障分析構造ツリー	・機能分析構造ツリーに、各分析対象および下位レベルの機能・要求事項の故障モード(故障内容)を追加した、故障分析構造ツリーを作成する。

図 2.9　構造ツリー作成の手順

なお、FMEA において最も重要な顧客はエンドユーザーですが、車両がどの地域で販売されるかという情報も重要です。例えば、日本とアメリカでは、安全や環境に関する法規制が異なります。また同じアメリカでも、カリフォルニア州は、他の州に比べて排気ガス規制が厳しくなっています。

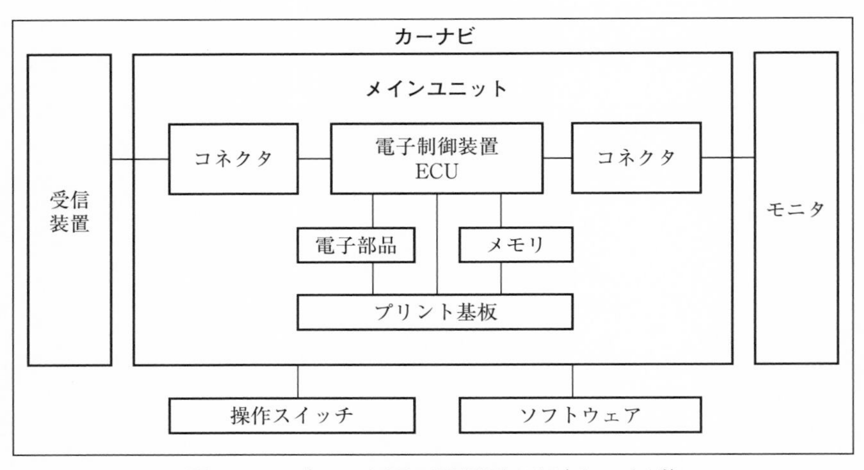

図 2.10　ブロック図／境界図の例(カーナビ)

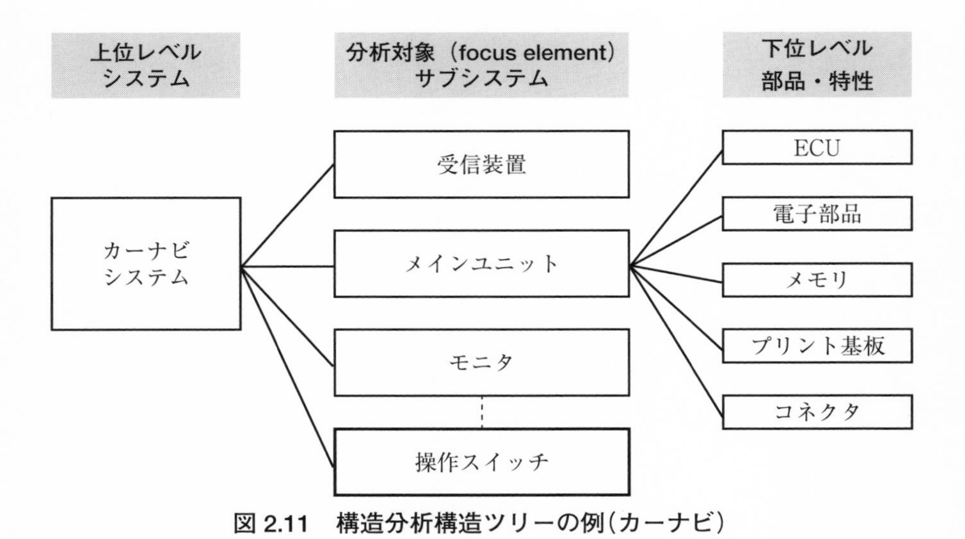

図 2.11　構造分析構造ツリーの例(カーナビ)

［ステップ3（機能分析）］

設計 FMEA のステップ3における実施事項を図 2.12 に示します。

ステップ3（機能分析）では、ステップ2（構造分析）で明確にした3つの要素に対する機能・要求事項、すなわち、分析対象に対する機能・要求事項、上位レベルに対する機能・要求事項、および下位レベルに対する機能・要求事項を明確にします。

項　目	実施事項
機能	①　機能は、項目（item）／システム要素（system element）が何を行うのかを明確に記述する。 ②　機能は明確に記述する。 ・例：データを伝達する、速度を制御する、ブレーキをかける。
要求事項	①　要求事項には次のものがある。 ・法規制要求事項：安全性および環境面の要求事項 ・業界標準・規格：IATF 16949、ISO 26262 機能安全など ・顧客要求事項：顧客が明示した要求事項と暗黙の期待 ・内部要求事項：製造性、生産性など ・製品特性：製品仕様など
パラメータ図（P 図）	①　パラメータ図（P 図）は、分析対象の環境を図示したものである。 ②　パラメータ図には、アウトプットを最適化するために必要な設計上の考慮事項に焦点を当てて、インプットとアウトプットの間の伝達に影響を与える因子（要素）が含まれる。 ③　管理できるもの（制御因子）と、管理できないもの（ノイズ因子）を含む、その機能に対する影響を明確にする。 ④　パラメータ図は、インプット、システム性能に影響を与える可能性がある制御因子およびノイズ因子、変動の原因、およびアウトプット（意図したアウトプットおよび意図しないアウトプット）で構成される。
機能分析	①　分析の対象は、OEM から、ティア1サプライヤー、ティア n サプライヤーへと移る。 ②　機能分析は、次の3つで構成される。 ・上位レベルの機能と要求事項 ・分析対象の機能と要求事項 ・下位レベルの機能と要求事項または特性

図 2.12　設計 FMEA の実施－ステップ3：機能分析

このときに、パラメータ図や機能分析構造ツリーを作成して分析すると効果的です。パラメータ図に含める因子とその例を図2.13、図2.14に示します。

パラメータ図における各要素は次のようになります。

・インプット：アウトプット(システム機能)を得るために必要な情報

・機能：行いたいこと

項　目	実施事項
インプット	①　アウトプット(システム機能)を得るために必要な情報 ・例：位置情報の受信
機能	①　機能(行いたいこと)は、要求事項と関連し、測定可能な名詞と後に続く動詞で表現される。 ・例：モニタに地図を出力する。
機能要求事項	①　機能のパフォーマンスに関連する、機能要求事項(機能を実現するために必要なもの) ・例：規定された速度、解像度で地図を出力する。
制御因子	①　設計をノイズに対してより頑強(ロバスト)にするための制御因子(シグナル因子) ・例：受信電波の強度、周囲の電波状況、磁場強度
非機能要求事項	①　機能要求事項以外に必要な設計上の要求事項(条件) ・例：サイズ、重量、消費電力などに関する要求事項
意図したアウトプット	①　システムからほしいもの。 ・例：モニタへの地図情報の表示
意図しないアウトプット	①　システムからほしくないもの(流用出力)、意図された機能からシステム性能をそらすアウトプット ・例：熱エネルギー、EMC(電磁両立性)干渉
ノイズ因子	①　ノイズ因子(意図したアウトプットを妨げるもの)は、システム応答に対する潜在的な変動の原因を表すパラメータ ②　ノイズ因子は、管理することができないもの ③　ノイズ因子の種類： ・部品間変動(例：部品間のばらつき・部品間の干渉) ・経時変化(例：劣化、摩耗、マイレージ) ・顧客の使用状況(例：仕様外使用) ・外部環境(例：道路の種類、天候) ・システム間の相互作用(例：他のシステムからのEMC干渉)

図2.13　パラメータ図に含まれる因子とその例

・機能要求事項：機能を実現するために必要なこと、機能のパフォーマンスに関連し、機能を実現するために必要なもの
・非機能要求事項：機能要求事項以外に必要な設計上の要求事項、機能要求事項以外に必要な設計上の要求事項(条件)
・制御因子：設計をノイズに対してより頑強(ロバスト)にするための制御因子(シグナル因子)
・ノイズ因子：意図したアウトプットを妨げるもの、すなわちシステム応答に対する潜在的な変動の原因を表すパラメータで、管理することができないもの
・意図したアウトプット：システムからほしいもの
・意図しないアウトプット：システムからほしくないもの、意図された機能からシステム性能をそらすもの

ノイズ因子				
部品間変動 例： ・部品間のばらつき	**経時変化** 例： ・劣化、摩耗、マイレージ	**顧客の使用状況** 例： ・仕様外使用	**外部環境** 例： ・温度、湿度、振動、衝撃	**システム間相互作用** 例： ・EMC 干渉
インプット 例： ・位置情報の受信	インプット ⇒	分析対象 (カーナビ)	アウトプット ⇒ 意図しないアウトプット↓	**意図したアウトプット** 例： ・モニタへの地図情報の表示
機能 例： ・受信装置から地図情報データを受信、モニタに地図を出力	**機能要求事項** 例： ・規定された速度、解像度で地図を出力	**制御因子** 例： ・受信電波の強度、周囲の電波状況、磁場強度	**非機能要求事項** 例： ・サイズ、重量、消費電力などに関する要求事項	**意図しないアウトプット** 例： ・熱エネルギー、EMC

図 2.14　パラメータ図の例(カーナビ)

図 2.15 に示したカーナビの機能分析構造ツリーは、図 2.14 に示した構造分析構造ツリーの図の各項目に、機能・要求事項を追加したものです。

例えば、分析対象の受信装置の機能・要求事項は、“受信装置から地図情報データを受信する” となり、メインユニットの機能・要求事項は、“受信装置から地図情報データを受信し、モニタに地図を出力する” などとなります。そして、分析対象の下位レベルの部品である、ECU の機能・要求事項は、“受信した地図情報データに対して必要な処理を行い、画像データに変換する”、プリント基板の機能・要求事項は、“ECU、電子部品、メモリなどの部品を搭載する” などとなります。分析対象の上位レベル(カーナビシステム)の機能・要求事項についても同様です。

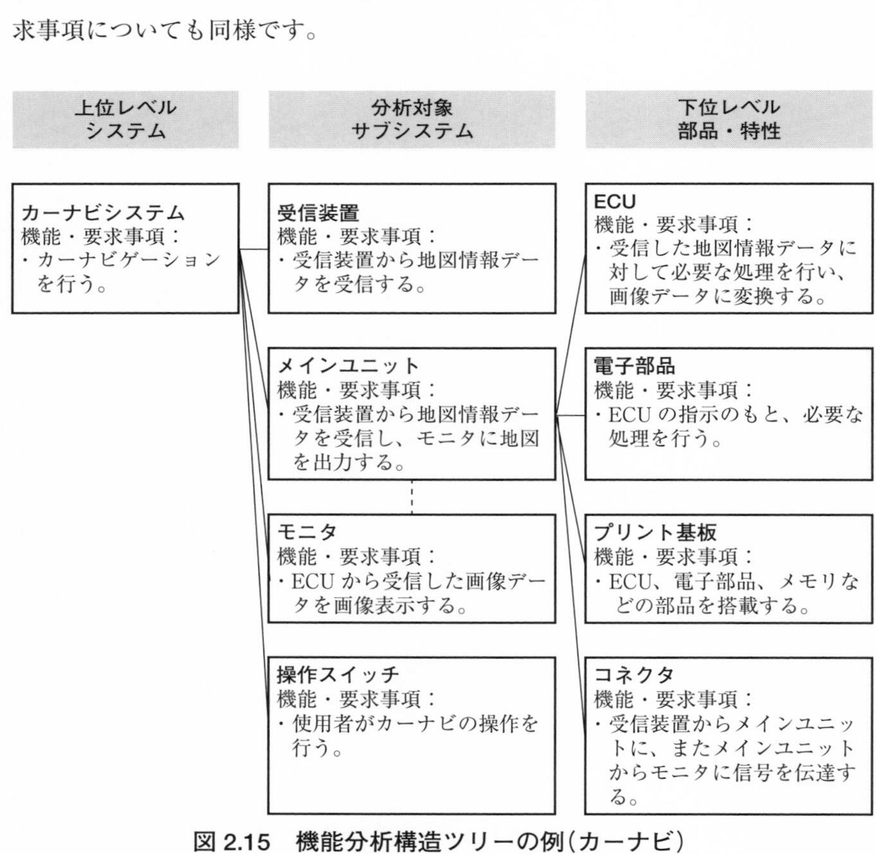

図 2.15　機能分析構造ツリーの例(カーナビ)

［ステップ 4(故障分析)］

設計 FMEA のステップ 4 における実施事項を図 2.16 に示します。

ステップ 4（故障分析）では、ステップ 3 で明確にした分析対象(focus element)に対して、どのような故障モード(故障内容)が起こる可能性があるか(潜在的故障)、もしその故障が起こったときに、上位レベル(顧客)にどのような影響があるか(故障影響)、故障の原因(下位レベル)はなにかを検討します。

項　目	実施事項
故障チェーン(連鎖)	①　FMEA で分析された故障には、次の 3 つの側面がある。 ・故障影響(FE)、故障モード(FM)、故障原因(FC)
故障モード(FM、failure mode)	①　故障モードは、分析対象が意図した機能を満たすことに失敗する方法である。 ②　故障モードは、技術的な用語で表現する(必ずしも顧客が気がつく表現ではない)。 ③　システム／サブシステムの故障モードは、意図しない機能(機能的な損失または劣化など)として表現される。 ・例：カーナビの画面が出ない。 ④　部品の故障モードは、名詞と故障内容で表現される。 ・例：ネジが折れた。 ⑤　1 つの機能に複数の故障モードが関連付けられる場合がある。
故障影響(FE、failure effects)	①　故障影響は、故障モードの結果である。 ②　故障影響には、顧客が気づく事項で表現する。 ③　故障モードは、内部／外部の顧客に対して、複数の影響を及ぼす。 ④　設計共同作業の一環として、OEM(自動車メーカー)とサプライヤー、およびサプライヤーと供給者が影響する。
故障原因(FC、failure cause)	①　故障原因は、故障モードが発生する原因である。 ②　故障原因は、次に低いレベルの機能および要求事項の故障モードおよび潜在的なノイズ因子(例：パラメータ図)から導き出すことができる。 ③　故障原因の種類の例には、次のものがある。 ・機能性能の不適当な設計、システム相互作用、経時変化、外部環境に対して不適切な設計、エンドユーザーの誤使用、製造のための頑強な設計の欠如、ソフトウェアの問題など

図 2.16　設計 FMEA の実施ーステップ 4：故障分析

故障モード(FM、failure mode)、故障影響(FE、failure effects)および故障原因(FC、failure cause)の関係を表す故障チェーンモデルを図2.17に示します。ここで故障モードが、FMEA 解析の分析対象の中心となります。顧客への影響の程度(影響度、厳しさ、S)を図 2.30(p.66)の評価表に従って評価します。

ステップ 4 の分析では、故障分析構造ツリーを作成すると効果的です。故障分析構造ツリーの例を図 2.19 に示します。この図は、機能分析構造ツリー(図 2.15 参照)の各要素に故障内容を追加したものです。

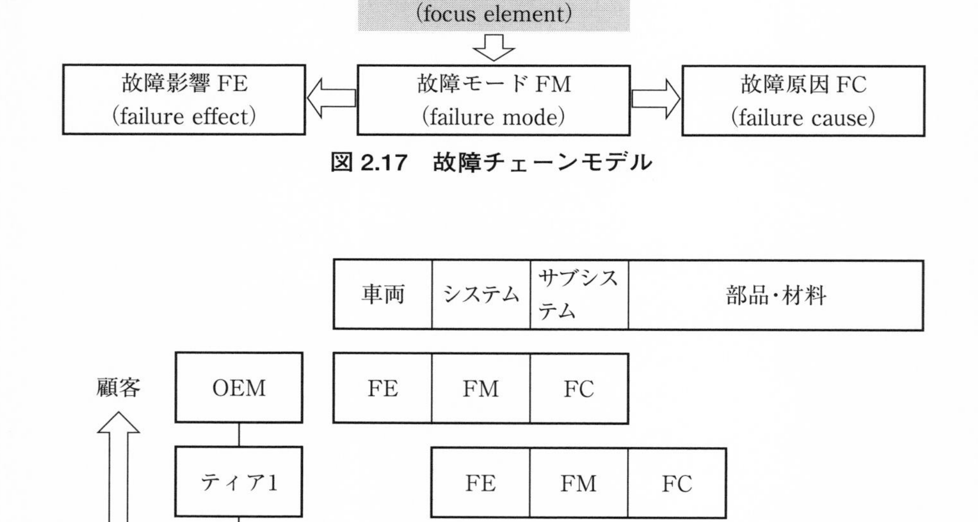

図 2.17　故障チェーンモデル

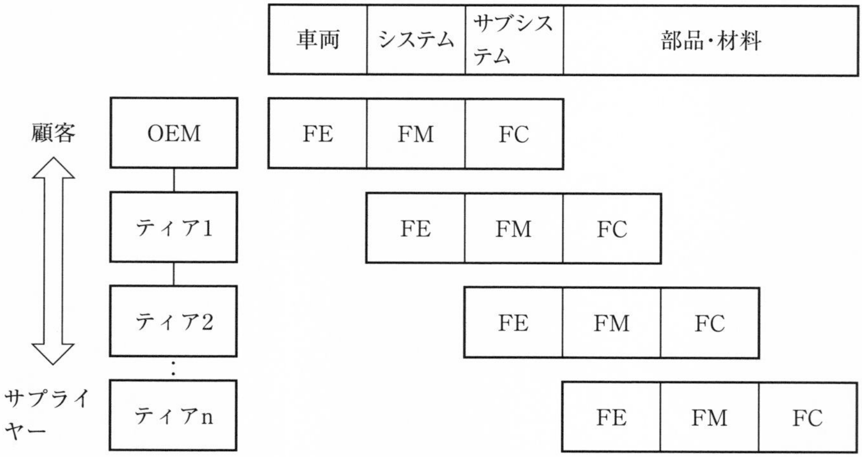

［備考］OEM：自動車メーカー、FE：故障影響、FM：故障モード、FC：故障原因

図 2.18　顧客レベルと故障チェーン

故障モード（故障内容）は、分析対象が意図している機能を満たすことに失敗する状態と、あるいは要求事項を満たさないこと（不適合）として定義されます（図 2.20 参照）。

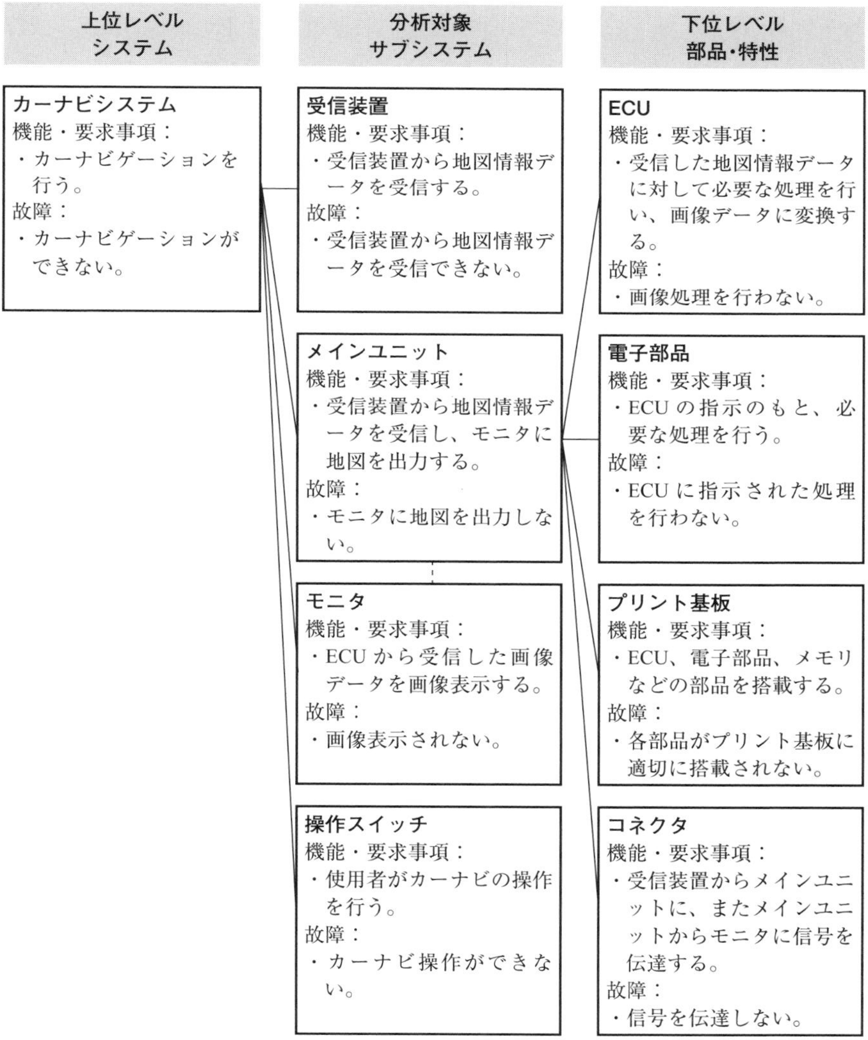

図 2.19　故障分析構造ツリーの例（カーナビ）

図 2.18(p.56)は、顧客レベルと故障チェーンの例を示します。OEM(original equipment manufacturer)は自動車メーカー、ティア(tier)1 は OEM への直接の供給者、ティア 2 はティア 1 への供給者を示します。

図の縦方向は顧客－サプライヤーのレベルを示し、横方向は対象レベル(範囲)を示します。例えば、ティア 1 の故障モードは、顧客である OEM の故障原因となり、サプライヤーであるティア 2 の故障影響となります。

なお、1 つの故障モードに対して、一般的に複数の故障原因および複数の故障影響が存在します。故障原因または故障影響を 1 つ考えればよいというわけではありません(図 2.21 参照)。

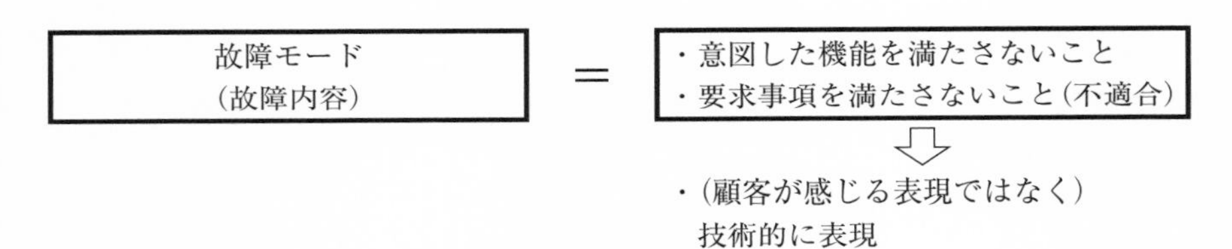

図 2.20　故障モード

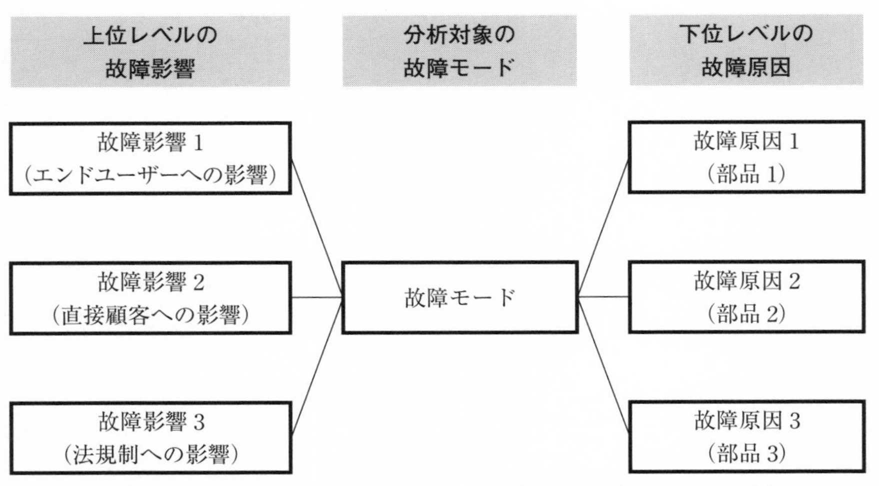

図 2.21　故障モードに対する複数の影響および故障原因の例

[ステップ5(リスク分析)]

設計 FMEA のステップ5における実施事項を図 2.22 に示します。

現在の予防管理(PC、prevention control)は、既存の活動と計画された活動を使用して、故障モードを引き起こす潜在的な原因を低減する方法です。発生度(O)は、予防管理の内容によって決まります。

現在の検出管理(DC、detection control)は、製品が生産リリースされる前に、故障原因または故障モード(故障)を検出する、すでに完了した活動または計画された活動です。

リスクを評価するための次の3つの評価基準があります。

・影響度(S 、severity)：故障影響の影響度を表す。
・発生度(O、occurrence)：故障原因の発生度を表す。
・検出度(D、detection)：発生した故障原因および故障モードの検出度を表す。

上記S／O／Dの3項目による評価の結果、リスクを低減させる処置をとる優先度を表す指標として、処置優先度(AP、action priority)があります。これは、最初に影響度、次に発生度、そして検出度の順に重点をおいて作成されたもので、FMEA の故障予防の意図に従っています。

リスク低減の処置をとる処置優先度(AP)は、今までの RPN(リスク優先数)に代わるものです。S／O／Dの3項目を単純に掛け合わせて算出した RPN は、もはや使用されません。その理由は、S／O／D を単純に掛けて求めた RPN は、S／O／D という優先度を反映していないからです。

処置優先度(AP)は、処置優先度(AP)表にしたがって評価され、優先度の H(高) ／M(中) ／L(低)の各レベルに対して、必要な処置が求められています(図 3.33、p.99 および、図 3.34、p.100 参照)。

ステップ5(リスク分析)では、故障モードに対して、現時点でどのような予防管理および検出管理をしているのかを明確にして、その管理の程度(発生度 O および検出度 D)を、図 2.31(p.66)および図 2.32(p.67)の評価表で評価します。

リスク低減の処置をとる優先度(処置優先度 AP)を図 2.33(p.68)の評価表で評価し、図 2.34(p.68)に記した処置をとります。

項　目	実施事項
現在の予防管理(PC、prevention control)	①　予防管理は、設計へのインプット情報を提供する。 ②　現在の予防管理は、既存の活動と計画された活動を使用して、故障モードを引き起こす潜在的な原因を低減する方法を記述する。 ③　予防管理は、発生度(O)を決定するための基礎となる。 ④　予防処置の完了後、発生度は検出管理によって確認される。
現在の検出管理(DC、detection control)	①　現在の検出管理は、製品が生産リリースされる前に、故障原因または障害モードを検出する。 ②　現在の検出管理は、計画された活動(またはすでに完了した活動)を表す。検出管理は、故障を検出することができる、検証・妥当性確認手順について記述する。 ③　故障原因または故障モードの検出につながるすべての管理を、“現在の検出管理”欄に記述する。
リスク評価基準	①　リスクを評価するための3つの評価基準がある。 ・影響度(S、severity)：故障影響の厳しさを表す。 ・発生度(O、occurrence)：故障原因の発生度を表す。 ・検出度(D、detection)：発生した故障原因および故障モードの検出度を表す。
影響度(S)	①　影響度(S)は、評価される機能の特定の故障モードに対する最も重大な故障の影響の尺度である。 ②　影響度は、影響度評価表の基準を使用して、発生度や検出度に関係なく評価される。
発生度(O)	①　発生度(O)は、評価基準を考慮に入れた予防管理の有効性の尺度である。 ②　発生度は、発生度評価表の基準を用いて評価する。
検出度(D)	①　検出度(D)は、製品が製造にリリースされる前に、故障原因または故障モードを確実に示すための検出管理の有効性の尺度である。 ②　検出度は、検出度評価表の基準を使用して、影響度や発生度に関係なく評価される。
処置優先度(AP、action priority)	①　処置優先度(AP、action priority)は、最初に影響度(S)、次に発生度(O)、そして検出度(D)の順に重点を置いて作成され、FMEAの故障予防の意図に従っている。 ②　処置優先度(AP)は、処置優先度(AP)表に従って評価され、優先度のH(高)／M(中)／L(低)の各レベルに対して、必要な処置が求められる。

図 2.22　設計 FMEA の実施－ステップ5：リスク分析

設計 FMEA における予防管理と検出管理の関係を図 2.23 に示します。

製品の設計・開発において、故障が起こらないように設計するのが予防管理で、試作品を作って種々の評価を行うのが検出管理です。試作品を作って種々の試験を行っているから予防管理であるということではありません。設計 FMEA における現在の予防管理および検出管理の例を図 2.24 に示します。

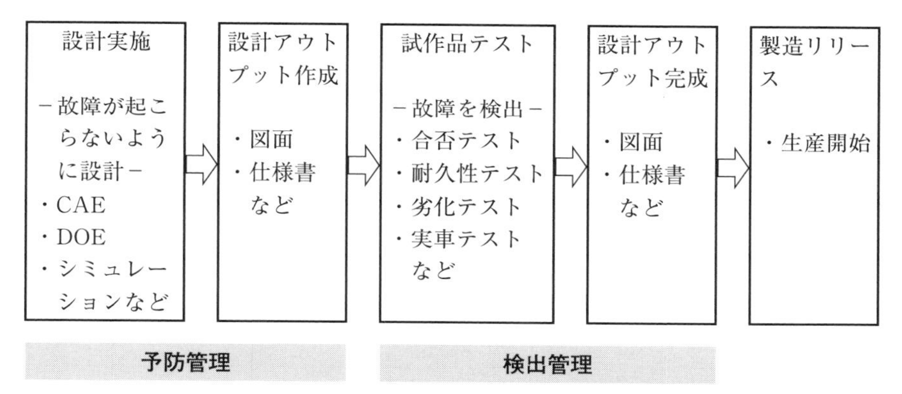

図 2.23　設計 FMEA における予防管理と検出管理

項　目	実施事項
予防管理 (PC)の例	・シミュレーションによるシステム設計 ・機械的冗長性(例：フェールセーフ) ・テスタビリティ設計 ・類似設計の文書(例：ベストプラクティス) ・誤運転(操作)防止(例：ポカヨケ設計) ・以前のアプリケーションで検証済みの設計と実質的に同一 ・潜在的な機械的摩耗、熱暴露、EMC(電磁両立性)を低減するシールド、など
検出管理 (DC)の例	・設計検証、妥当性確認試験、実車テスト ・合否テスト、耐久性試験、劣化試験 ・機能テスト、破壊試験、環境試験 ・ハードウェアインザループ(HIL)、ソフトウェアインザループ(SIL)、など

図 2.24　設計 FMEA における予防管理および検出管理の例

［ステップ6(最適化)］

設計 FMEA のステップ6における実施事項を図 2.25 に示します。

ステップ6(最適化)では、リスク低減のための追加の予防処置または検出処置を計画して実施し、処置後のS／O／DおよびAPを再評価します。

処置状態の区分は、図 2.25 処置状況①に示すようになります。また設計 FMEA の最適化は、図 2.26 に示す、S／O／Dの順序で行うと効果的です。

FMEA チームが、それ以上の処置は不要であると判断した場合、“これ以上の処置は必要ない”とのコメントを、FMEA 様式の“備考”欄に記載します。

項　目	実施事項
追加の予防処置	①　発生度を低減するための追加の予防処置を計画する。
追加の検出処置	①　検出度を上げるための追加の検出処置を計画する。
責任者の名前	①　改善処置(上記追加の予防処置および検出処置)の実施責任者の名前を記述する。
完了予定日	①　処置の完了予定日を記述する。
処置状態	①　処置状態の区分は次のとおり： ・未決定：処置の内容がまだ決まっていない。 ・決定保留：処置内容は計画されたが決定されていない。 ・実施保留：処置内容は決定されたが実施されていない。 ・完了：処置が実行され完了し、その有効性が実証され、最終評価が行われ、文書化された。 ・処置なし：処置は実施しないことが決定された。
処置内容と証拠	①　とられた処置の内容とその証拠(記録)

図 2.25　設計 FMEA の実施－ステップ6：最適化

順序	目　的	実施事項
①	故障影響(FE)の排除・低減、すなわち厳しさ(S)の低減	設計変更
②	故障原因(FC)の発生度(O)の低減	設計変更
③	故障原因(FC)／故障モード(FM)の検出度(D)の向上	追加の検出処置

図 2.26　設計 FMEA 最適化の順序

［ステップ 7(結果の文書化)］

設計 FMEA のステップ 7 における実施事項を図 2.27 に示します。

ステップ 7 (結果の文書化)では、解析結果と結論を文書化し、組織内に(要求されている場合は顧客にも、また必要な場合はサプライヤーにも)伝達します。FMEA レポートの様式は、組織が決めるとよいでしょう(図 2.28 参照)。

項　目	実施事項
ステップ 7 における実施事項	①　FMEA 解析結果と結論を FMEA 報告書として文書化する。 ②　FMEA 報告書の内容を組織内に伝達する。 ・要求されている場合は顧客に、また必要な場合はサプライヤーにも ③　FMEA 報告書は、設計 FMEA チームが各タスクの完了を確認するための要約となる。 ・FMEA 報告書は、組織内または組織間のコミュニケーションのために使用される。

図 2.27　設計 FMEA の実施−ステップ 7：結果の文書化

項　目	実施事項
設計 FMEA報告書の内容	①　プロジェクト計画で定められた当初の目標と比較した最終的な状況 − 5T(FMEA の意図、FMEA のタイミング、FMEA チーム、FMEA のタスク、FMEA ツール)の明確化 ②　分析範囲および新規事項の明確化 ③　機能の開発過程の要約 ④　チームによって決定された、高リスクの故障の要約と、組織で決めたＳ／Ｏ／Ｄ評価表、および処置優先度の基準(処置優先度表など)の要約 ⑤　リスクの高い故障に対処するために取られた、または計画されている処置の要約 ⑥　進行中の処置の計画 ・オープン(未完了)な処置を完了させるためのコミットメントとタイミング ・量産中の DFMEA の見直し ・基礎 FMEA の見直し(該当する場合)

図 2.28　設計 FMEA 報告書の内容

設計FMEA報告書の様式の例を図2.29に示します。

なおFMEAハンドブックでは、設計FMEA様式の項目数が大幅に増加しました。ステップ2からステップ6までの各項目を横一列に並べた紙媒体の様式では、対応が困難かもしれません。本書の図2.35(p.69)のFMEA様式の例では、各ステップを縦に分けて示していますが、必ずしも使いやすいとはいえません。紙媒体の様式ではなく、適当なソフトウェアを使用するとよいでしょう。

項　目		記　述
プロジェクト計画で定めた当初の目標と比較した最終的な状況(5T)	FMEAの意図	
	FMEAのタイミング	
	FMEAチーム	
	FMEAのタスク	
	FMEAツール	
分析の適用範囲および新規事項の要約		
機能の開発過程の要約		
チームによって決定された事項	高リスクの故障の要約	
	S／O／D評価表	
	処置優先順位づけの方法	
リスクの高い故障に対処する処置の要約	取られた処置	
	計画されている処置	
進行中の処置の計画	オープン(未完了)な処置を完了させるためのコミットメントとタイミング	
	量産中のDFMEAの見直し	
	基礎FMEAの見直し(該当する場合)	

図2.29　設計FMEA報告書様式の例

2.3　設計 FMEA の評価基準

設計FMEAの評価基準として、影響度(S、severity)、検出度(D、detection)、発生度(O、occurrence)、およびこれらの値から総合的にリスク低減処置の優先度の指標となる処置優先度(AP、action priority)を、図2.30～図2.33に示します。また各評価基準には、ユーザー記入欄、すなわち組織または製品ラインにあった基準を記載(カスタマイズ)する欄があります。組織の製品やプロセスに適した内容を記載するとよいでしょう。

処置優先度は、H(高、high)、M(中、medium)、L(低、low)の3段階に分かれており、それぞれ図2.34(p.68)に示す処置をとります。処置優先度Hは、リスク低減のための追加の予防管理または検出管理が必要、処置優先度Mは、リスク低減のための追加の予防管理または検出管理を行ったほうがよい、と考えるとよいでしょう。

影響度(S)の評価基準は、自動車のエンドユーザーへの影響、および法規制への影響で表されています。自動車に乗る人の安全だけでなく、自動車に乗る人の健康や、歩行者の安全や健康も含まれています。車両の主要機能(一次機能)は、車両の基本的目的を達成するために不可欠な機能で、例えばステアリング、ブレーキ、推進力、視界など、そして車両の二次機能は、車両の主要機能およびユーザー(運転)経験を向上または可能にする機能で、例えば、快適性、利便性、診断および保守容易性などがあります。

発生度(O)は、製品の新規性、負荷率(デューティサイクル)、設計標準レベル、予防管理の内容、および類似品の市場実績などの観点で区分されています。

検出度(D)は、検出方法の成熟度(完成度)と検出の方法(感度)で区分されています。試験方法には、感度の低い方から順に、合否試験、耐久性試および劣化試験となっています。

図2.37(p.71)は、図2.31の標準の発生度(O)評価基準の他に、2種類の代替評価基準を表しています。1つは車両1,000台あたりの発生件数で、もう1つは、時間ベースの発生件数です。

<table>
<tr><th>S</th><th colspan="2">影響度(severity)の基準</th><th>注</th></tr>
<tr><td>10</td><td colspan="2">車両または他の車両の安全な運転に影響する。
車両の運転者／同乗者の健康、道路の利用者／歩行者の健康に影響する。</td><td></td></tr>
<tr><td>9</td><td colspan="2">法規制違反となる。</td><td></td></tr>
<tr><td>8</td><td rowspan="2">(車両の耐用期間内の通常運転に必要な)
車両の主要機能の</td><td>喪失</td><td></td></tr>
<tr><td>7</td><td>低下</td><td></td></tr>
<tr><td>6</td><td rowspan="2">車両の二次機能の</td><td>喪失</td><td></td></tr>
<tr><td>5</td><td>低下</td><td></td></tr>
<tr><td>4</td><td>非常に</td><td rowspan="3">不快な外観、騒音、振動、乗り心地、または触覚</td><td></td></tr>
<tr><td>3</td><td>やや</td><td></td></tr>
<tr><td>2</td><td>少し</td><td></td></tr>
<tr><td>1</td><td colspan="2">認識できる影響はない。</td><td></td></tr>
</table>

［注］ユーザー記入欄。組織または製品ラインの基準を記載(他の評価基準表も同様)

図 2.30　設計 FMEA 評価基準－影響度(S)

<table>
<tr><th rowspan="2">D</th><th colspan="3">検出度(detection)の基準</th><th rowspan="2"></th></tr>
<tr><th colspan="2">検出方法の成熟度(maturity)</th><th>検出の機会(opportunity)</th></tr>
<tr><td>10</td><td colspan="2">試験手順はまだ開発されていない。</td><td>試験方法が未定義</td><td></td></tr>
<tr><td>9</td><td colspan="2">故障モードまたは故障原因を検出するための試験方法が開発されていない。</td><td rowspan="2">合否試験、耐久性試験、または劣化試験</td><td></td></tr>
<tr><td>8</td><td rowspan="2">未検証の新規試験方法</td><td>下記 7 以外の段階での検出</td><td></td></tr>
<tr><td>7</td><td>生産リリース前に生産設備を修正できる段階での検出</td><td>合否試験</td><td></td></tr>
<tr><td>6</td><td rowspan="5">機能性検証、または性能、品質、信頼性、耐久性の妥当性確認済みの試験方法</td><td rowspan="2">生産遅延の可能性のある、製品開発段階後半での検出</td><td>耐久性試験</td><td></td></tr>
<tr><td>5</td><td>劣化試験</td><td></td></tr>
<tr><td>4</td><td rowspan="3">生産リリース前に生産設備を修正できる段階での検出</td><td>合否試験</td><td></td></tr>
<tr><td>3</td><td>耐久性試験</td><td></td></tr>
<tr><td>2</td><td>劣化試験</td><td></td></tr>
<tr><td>1</td><td colspan="2">故障モードまたは故障原因が発生し得ない設計</td><td>または常に故障モードまたは故障原因を検出することが実証されている検出方法</td><td></td></tr>
</table>

図 2.31　設計 FMEA 評価基準－検出度(D)

<table>
<tr><th>O</th><th colspan="5">発生度(occurrence)の基準</th><th></th></tr>
<tr><td>10</td><td colspan="2">運用経験のない、または制御されていない運用条件下での、新規技術の最初の適用</td><td>設計標準は存在せず、ベストプラクティスが決定されていない。</td><td>予防管理は、市場実績を予測できないか存在しない。</td><td rowspan="4">製品の検証や妥当性確認の経験がない。</td><td></td></tr>
<tr><td>9</td><td>革新技術／材料を用いた、社内での最初の設計</td><td rowspan="3">負荷サイクル（デューティサイクル）／運用条件の新規適用または変更</td><td rowspan="2">直接適用できる、既存の設計標準やベストプラクティスがほとんど存在しない。</td><td>予防管理は、特定の要求事項に対するパフォーマンスを目的としていない。</td><td></td></tr>
<tr><td>8</td><td>革新技術／材料を用いた、新規用途の設計</td><td>予防管理は、市場実績の信頼できる指標ではない。</td><td></td></tr>
<tr><td>7</td><td>類似技術／材料にもとづく新規設計</td><td>設計標準、ベストプラクティス、デザインルールが、新製品に適用されない。</td><td>予防管理は、限定的なパフォーマンス指標を提供する。</td><td></td></tr>
<tr><td>6</td><td>既存の技術／材料を用いた、以前と類似した設計</td><td>負荷サイクル／運用条件の変更</td><td>規格とデザインルールは存在するが、故障原因の発生予防には不十分。</td><td>予防管理は、原因を予防するために、ある程度有効である。</td><td>類似の試験／市場実績がある。</td><td></td></tr>
<tr><td>5</td><td>実証済みの技術／材料を使用した、以前の設計に対する小変更</td><td rowspan="2">同様の負荷サイクル／運用条件の適用</td><td>この設計に対してベストプラクティスが再評価されたが、まだ証明されていない。</td><td>予防管理は、故障の原因に関連した製品の欠陥を見つけ、性能をある程度示すことができる。</td><td>類似の試験／市場実績／故障に関連した試験経験がある。</td><td></td></tr>
<tr><td>4</td><td>短期間の市場実績を伴う、ほぼ同一の設計</td><td>以前の設計との変更は、ベストプラクティス、設計標準、および規格に準拠している。</td><td>予防管理は、故障原因に関連した製品の欠陥を見つけ、設計適合性を示す可能性がある。</td><td>類似の試験／市場実績がある。</td><td></td></tr>
<tr><td>3</td><td>既知の設計に対する詳細な変更</td><td>負荷サイクル／運用条件のわずかな変更</td><td>以前の設計から学んだ教訓にもとづいて、設計標準およびベストプラクティスに準拠することが期待される。</td><td>予防管理によって、故障原因に関連する製品の欠陥を見つけ、生産設計の適合性を予測することができる。</td><td>同等の運用条件での試験／市場実績／試験手順が正常に完了している。</td><td></td></tr>
<tr><td>2</td><td>長期的な市場実績を伴う、ほぼ同一の成熟した設計</td><td>同様の負荷サイクル／運用条件での適用</td><td>以前の設計から学んだ教訓にもとづいて、設計標準およびベストプラクティスに準拠することが大いに期待される。</td><td>予防管理によって、故障原因に関連する製品の弱点を発見し、設計適合性への信頼を示すことができる。</td><td>同等の運用条件下での試験／実地経験がある。</td><td></td></tr>
<tr><td>1</td><td colspan="5">予防管理によって故障が除去されており、故障原因は設計上起こらない。</td><td></td></tr>
</table>

図 2.32　設計 FMEA 評価基準－発生度(O)

2.4　設計 FMEA の実施例

図 2.10 ～図 2.11（p.50）に述べたカーナビに対する設計 FMEA の実施例を、図 2.35 に示します。

S（影響度）	O（発生度）	D（検出度）			
		10-7	6-5	4-2	1
10-9	10-6	H	H	H	H
	5-4	H	H	H	M
	3-2	H	M	L	L
	1	L	L	L	L
8-7	10-8	H	H	H	H
	7-6	H	H	H	M
	5-4	H	M	M	M
	3-2	M	M	L	L
	1	L	L	L	L
6-4	10-8	H	H	M	M
	7-6	M	M	M	L
	5-4	M	L	L	L
	3-1	L	L	L	L
3-2	10-8	M	M	L	L
	7-1	L	L	L	L
1	10-1	L	L	L	L

［備考］H：高（high）、M：中（medium）、L：低（low）

図 2.33　設計 FMEA の処置優先度（AP）

AP	期待される処置
H （high、高）	・予防管理または検出管理を改善するための行動を特定する必要がある（need）。 ・または、現在の管理が適切である理由を正当化する。
M （medium、中）	・予防管理または検出管理を改善するための行動を特定するべきである（should）。 ・または（組織の判断で）、現在の管理が適切である理由を正当化する。
L （low、低）	・予防管理または検出管理改善の行動を特定することができる（could）。

図 2.34　処置優先度（AP）と期待される処置

	構造分析(ステップ 2)		
	上位レベル	分析対象	下位レベル
1	カーナビシステム	メインユニット	プリント基板
2			ECU
3			⋮

	機能分析(ステップ 3)		
	上位レベルの機能・要求事項	分析対象の機能・要求事項	下位レベルの機能・要求事項
1	カーナビゲーションを行う。	受信装置から地図情報データを受信し、モニタに地図を出力する。	ECU、電子部品、プリント基板などの部品を搭載する。
2			受信したデータを画像データに変換する。
3			⋮

	故障分析(ステップ 4)			
	上位レベルの故障影響(FE)	S	分析対象の故障モード(FM)	下位レベルの故障原因(FC)
1-1	カーナビが動作しない。	6	モニタに地図を出力しない。	不適切なプリント基板規格採用による、プリント基板と電子部品間の接合不良
1-2				
2				
3				

	リスク分析(ステップ 5)				
	FC に対する現在の予防管理(PC)	O	FC/FM に対する現在の検出管理(DC)	D	AP
1-1	プリント基板規格 XXX 採用	6	妥当性確認試験－合否テスト	6	M
1-2					
2					
3					

	最適化(ステップ 6)					
	追加の予防処置	追加の検出処置	S	O	D	AP
1-1	類似製品で実績のある、プリント基板規格 YYY への変更	なし	6	4	6	L
1-2						
2						
3						

図 2.35　設計 FMEA の実施例(カーナビ)

2.5　電子部品とFMEA

近年、電子技術と情報処理技術の発達により、自動車が大きく変わっています。カーラジオから始まった、自動車用の電子部品は、その後、排気ガス制御や燃費の管理を目的としたエンジン制御、ポンピングや横滑り防止装置のついたブレーキ、エアバック、カーナビ、自動ブレーキ、自動運転など、その進化は留まるところを知りません。

まず、カーナビ本来の機能への影響について考えると、カーナビが映らない、音声が聞こえない、適切なナビをしないなどの動作不良があります。

カーナビ故障の影響			影響度S
カーナビ本来の機能への影響(カーナビの動作不良)		・カーナビが映らない。 ・音声が聞こえない。 ・適切なナビをしない。	6
		・DVDディスクが使えない。	5
カーナビ本来の機能以外への影響	カーナビ内部での電気的なショートが原因	・発火し、自動車の火災につながる可能性がある。	10
		・自動車のバッテリが上がり、エンジンがかからなくなる。	8
	カーナビから発信した異常電波が原因	・自動車の他のシステムの影響を与える。 ・例：エアバッグや自動ブレーキシステムが誤動作する。	10

カーナビ故障の原因	
カーナビ内部に起因する故障	・カーナビに使用されている部品の故障 ・カーナビの設計に起因する故障 ・カーナビの製造に起因する故障 ・カーナビに搭載されているソフトウェアのバグ
カーナビの外部に起因するカーナビの動作不良	・カーナビ以外の自動車部品からの異常電波や電磁波の受信 ・例：ブレーキを踏み込んだときに、異常電波や電磁が発生し、カーナビの動作に影響を及ぼす。 ・自動車の外部からの異常電波や電磁波の受信

図2.36　故障原因と故障影響のケーススタディの例

しかし、カーナビ故障の影響には、カーナビ本来の機能以外への影響があります。例えば、カーナビ内部での電気的なショートが原因でカーナビから発火し自動車の火災につながる、自動車のバッテリが上がりエンジンがかからなくなる、カーナビから発信した異常電波が原因でエアバッグが誤動作する、自動ブレーキシステムが誤動作するなど、他のシステムに影響を与える可能性もあります。これらの顧客への影響の内容によって、影響度(S)の値も変わってきます。カーナビだからリスクが低いとは限りません(図 2.36 参照)。

次に、カーナビ故障の原因について考えて見ましょう。例えば、カーナビに使用されている部品の故障、カーナビの設計に起因する故障、製造工程に起因する故障などが考えられます。カーナビに搭載されているソフトウェアのバグについても考えることが必要でしょう。さらに、カーナビ内部ではなく、カーナビの外部に起因するカーナビの動作不良も考えられます。例えば、カーナビ以外の自動車の電子機器や電子部品からの異常電波の受信や、自動車の外部からの異常電波の受信によるカーナビの故障も考えられます。

自動車用電子部品に対しては、第 4 章で説明する FMEA-MSR という新しい FMEA が開発されましたが、それ以外にも本項で述べたように、その電子部品本来の機能以外への影響についても考慮することが必要となるでしょう。

O	発生度(Occurrence)の基準(代替案)	
	1,000 台あたり	時間あたり
10	≧ 100/1,000	いつも
9	50/1,000	ほとんどいつも
8	20/1,000	＞1/ シフト
7	10/1,000	＞1/ 日
6	2/1,000	＞1/ 週
5	0.5/1,000	＞1/ 月
4	0.1/1,000	＞1/ 年
3	0.01/1,000	1/ 年
2	≦ 0.001/1,000	＜1/ 年
1	予防管理により故障は発生しない	

図 2.37　設計 FMEA 評価基準－発生度(O)の代替案

第3章

プロセスFMEA

この章では、プロセスFMEAの実施手順について説明します。

この章の項目は、次のようになります。

3.1　プロセス FMEA 実施のステップ

プロセス FMEA も、設計 FMEA と同様、図 1.11(p.17)に示した、7ステップアプローチで実施します。プロセス FMEA 実施のフローを図 3.1 に、プロセス FMEA の様式の例を図 3.2 に、プロセス FMEA の各ステップの目的を図 3.3 に、各ステップに含まれる項目の内容を図 3.4 に示します。

ステップ 2(構造分析)では、FMEA 分析の対象となるプロセスステップである分析対象(focus element)を明確にし、分析対象の上位レベル(プロセス)および下位レベル(プロセス作業要素)を明確にします。

ステップ 3 (機能分析)では、分析対象(プロセスステップ)の機能・要求事項、上位レベルの機能、および下位レベルの機能・要求事項を明確にします。

ステップ 4 (故障分析)では、分析対象はどのような故障が起こる可能性があるか(故障モード、潜在的故障)、故障が起こったときに上位レベルにどのような影響があるか(故障影響)、故障の原因は何か(下位レベルの故障、故障原因)を明確にし、顧客への影響度を図 3.34(p.100)の影響度評価表で評価します。

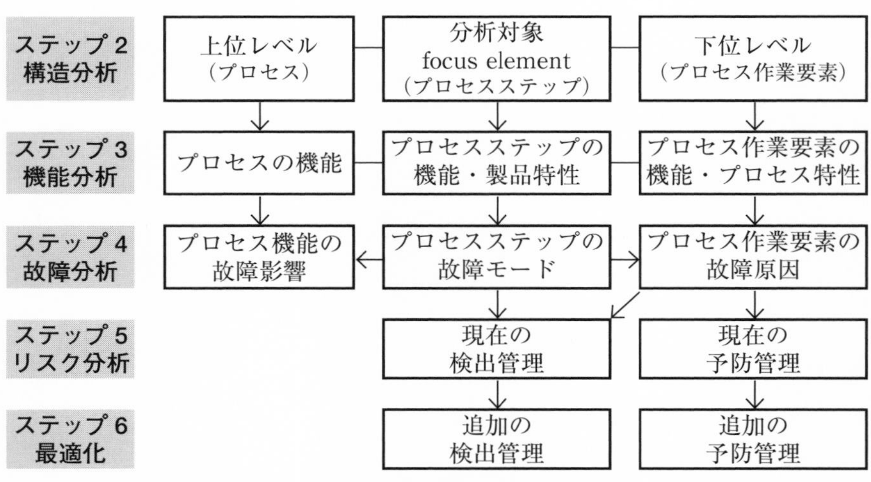

図 3.1　プロセス FMEA 実施のフロー

計画と準備（ステップ1）		
組織名： 製造拠点の場所： 顧客名または製品ファミリ： モデル年／プログラム：	件名（PFMEA プロジェクト名）： PFMEA 開始日： PFMEA 改訂日： 部門横断チーム：	PFMEA ID 番号： プロセス責任（PFMEA オーナーの名前）： 機密性レベル：

注1		構造分析（ステップ2）			機能分析（ステップ3）			故障分析（ステップ4）			
注2	番号	プロセス	プロセスステップ／分析対象 focus element	プロセス作業要素	プロセスの機能	プロセスステップ／分析対象の機能・製品特性	プロセス作業要素の機能・プロセス特性	プロセスの故障影響 FE	FE の影響度 S	プロセスステップ／分析対象の故障モード FM	プロセス作業要素の故障原因 FC
	1										
	2										
	：										

	リスク分析（ステップ5）							最適化（ステップ6）													
番号	FC に対する現在の予防管理 PC	FC の発生度 O	FC/FM に対する現在の検出管理 DC	FC FM の検出度 D	処置優先度 AP	特殊特性	フィルターコード＊	追加の予防処置	追加の検出処置	責任者	完了予定日	処置状態	処置内容と証拠	完了日	影響度 S	発生度 O	検出度 D	特殊特性	処置優先度 AP	備考
1																				
2																				
：																				

［備考］注1：継続的改善、　注2：履歴／変更承認（該当する場合）、＊：オプション

図 3.2　プロセス FMEA の様式の例

ステップ	項　目	目的と実施事項
ステップ1 計画と準備	プロジェクトの定義	・プロジェクト(製造プロセス)の定義 ・プロジェクト計画の作成：inTent(意図)、timing(タイミング)、team(チーム)、task(タスク)、tool(ツール)（5T)の検討 ・分析の境界の明確化：分析に含まれるものと除外されるもの ・対象となる基礎FMEAの特定 ・組織内のすべてのプロセスを、高レベル(プロセス全体)で確認し、どのプロセスを分析するかについて決定する。 －すなわち、最初から分析対象を限定せずに、まずはプロセス全体について検討する。
ステップ2 構造分析	分析対象の明確化	・FMEA分析範囲の明確化 ・構造ツリー／プロセスフロー図の作成 ・プロセスステップとサブステップの明確化 ・顧客とサプライヤーの共同作業(インタフェース)
ステップ3 機能分析	機能・要求事項の明確化	・プロセス機能の明確化 ・機能ツリー／機能ネットの作成 ・機能への要求事項または特性の関連づけ ・技術チーム間の共同作業(システム、安全性、部品)
ステップ4 故障分析	故障チェーンの明確化	・故障チェーンの明確化 ・各プロセス機能の故障影響、故障モード、故障原因の明確化 ・特性要因図、故障ネットワークを用いたプロセス故障原因の明確化 ・顧客とサプライヤーの共同作業(故障影響の特定)
ステップ5 リスク分析	現在の管理方法の明確化とリスク評価	・既存または計画されている管理方法の明確化とリスクの評価 ・故障原因に対する予防管理の明確化 ・故障原因および故障モードへの検出管理の明確化 ・各故障チェーンに対する影響度、発生度、および検出度の評価 ・処置優先度の評価 ・顧客とサプライヤーの共同作業(影響度の評価)
ステップ6 最適化	リスク低減処置の明確化と実施	・リスクを低減するための処置を決定し、それらの処置の有効性を評価 ・最適化は、次の順序で行うのが最も効果的である。 －故障影響(FE)を低減するための工程変更 －故障原因(FC)の発生度(O)を低減するための工程変更 －故障原因(FC)／故障モード(FM)の検出度(D)向上の処置 ・FMEAチーム、管理者、顧客、サプライヤー間の共同作業
ステップ7 結果の文書化	分析結果と結論の文書化と伝達	・分析の結果と結論の文書化と伝達 ・実施した処置の有効性の確認と、処置後のランク評価などの処置の記録 ・組織内や、(必要に応じて)顧客とサプライヤー間で、リスク低減のためにとられた処置内容の伝達

図3.3　プロセスFMEA各ステップの目的

ステップ	項　目	内　容
ステップ2 構造分析	プロセス	・プロセス、サブプロセス、要素プロセスの名称
	プロセスステップ／分析対象(focus element)	・プロセスを生み出す分析対象のプロセスステップ
	プロセス作業要素	・4M を使用して、分析対象のプロセスステップに影響を与える変動の種類を特定する。
ステップ3 機能分析	プロセスの機能	・プロセス、サブプロセス、要素プロセスの機能(達成することが期待される内容)
	プロセスステップ／分析対象の機能・製品特性	・プロセスステップが何を達成しなければならないかの記述 ・故障モードは、要求される機能を満たさないこととなる。
	プロセス作業要素の機能・プロセス特性	・各 4M に要求される機能を含む、作業の完了方法を満たす方法 ・故障原因は、要求される機能を満たさないこととなる。
ステップ4 故障分析	プロセス機能の故障影響(FE)	・プロセスが、要求されている機能を実行できない方法 ・各顧客(自工場、出荷先工場、エンドユーザー)にどのように影響するかを考慮する。
	FE の影響度(S)	・影響度(S)評価基準に従って評価
	プロセスステップ／分析対象の故障モード(FM)	・故障モードは、要求される機能を満たさないこととなる。
	作業要素の故障原因(FC)	・故障原因は、“プロセス作業要素の機能・プロセス特性”に記載されている要求される機能を満たさないこととなる。 ・故障原因は、検出可能でなければならず、故障モードにつながる。
ステップ5 リスク分析	FC に対する現在の予防管理(PC)	・実績のある従来の予防管理または計画されている管理
	PC の発生度(O)	・発生度(O)評価基準に従って評価
	FC/FM に対する現在の検出管理(DC)	・実績のある従来の検出管理または計画されている管理
	FC/FM の検出度(D)	・検出度(D)評価基準に従って評価
	処置優先度(AP)	・処置優先度(AP)評価基準に従って評価
	特殊特性	・安全性、法規制順守、その後の生産性に影響する特性
	フィルターコード＊	・仕様への適合のためにプロセス管理が必要な特性
ステップ6 最適化	追加の予防処置	・発生度を減らすための追加のアクション
	追加の検出処置	・検出度を上げるための追加のアクション
	責任者	・役職や部署ではなく名前
	完了予定日	・年月日
	処置状態	・未計画、決定保留、実施保留、完了、処置なし
	処置内容と証拠	・処置内容、文書番号、報告書名称、日付など
	完了日	・年月日
	影響度(S)	・処置後の厳しさ(S)
	発生度(O)	・処置後の発生度(O)
	検出度(D)	・処置後の検出度(D)
	処置優先度(AP)	・処置後の処置優先度(AP)
	特殊特性	・安全性、法規制順守、その後の生産性に影響する特性
	備考	・PFMEA チーム使用欄

［備考］＊：オプション

図 3.4　プロセス FMEA 様式の各項目の内容

ステップ5（リスク分析）では、故障モードに対して、現在どのような管理（予防管理および検出管理）を行っているのかを明確にします。すなわち、ステップ4で明確にした故障原因（FC）に対して、現在どのような予防管理を行っているのか、および故障原因（FC）および故障モード（FM）に対して、現在どのような検出管理を行っているのかを明確にします。

これらの予防管理および検出管理は、あるべき管理方法ではなく、現時点で行っている管理の内容とします。そして、故障原因と現在行っている予防管理の内容から、故障原因の発生度（O）を、図3.32（p.98）のプロセスFMEA発生度評価表に従って評価します。また、故障原因および故障モードに対して現在行っている検出管理の内容から、故障原因または故障モードの検出度（D）を、図3.35（p.100）のプロセスFMEA検出度評価表に従って評価します。

そして、影響度（S）、発生度（O）、検出度（D）の値から、図3.36（p.101）のプロセスFMEA処置優先度評価表に従って、処置優先度（AP）を評価します。図3.36は設計FMEAと同じです。

ステップ6（最適化）では、リスク低減の処置を計画して実施します。すなわち、図3.35のプロセスFMEA最適化の順序に従って、必要な処置をとります。

なお、図3.3のステップ1では、“組織内のすべてのプロセスを、高レベル（プロセス全体）で確認し、どのプロセスを分析するかについて決定する”ことを述べています。プロセスFMEAを実施する際には、まずプロセス全体（高レベル）で検討し、その結果リスクの高いサブプロセスや作業要素について詳細なFMEAを実施すると、FMEAを効果的に実施することができます（図3.5参照）。

この方法は、第2章において述べた設計FMEAについても同様です。

図3.5　プロセスFMEA－プロセス、サブプロセス、作業要素

3.2　プロセス FMEA の実施

プロセス FMEA も設計 FMEA と同様、図 1.11(p.17)に示した 7 ステップで実施することを前項で述べました。ここでは、各ステップにおける実施事項の詳細について説明します。

[ステップ 1(計画と準備)]

プロセス FMEA のステップ 1 における実施事項を図 3.6 に示します。

項　目	実施事項
PFMEA プロジェクトを特定する際の確認事項	・顧客および製品 ・新しい要求事項の有無 ・リスクを引き起こすプロセス／要求事項の特定 ・製造する製品および購入製品に対する、設計管理の有無 ・インタフェース設計責任者：組織か、顧客か ・システム、サブシステム、部品、その他の解析レベルの必要性
PFMEA の境界を定義する際の確認事項	・法規制要求事項、技術的要求事項 ・顧客要望／ニーズ／期待(外部・内部顧客)、要求仕様書 ・概略図、図面、3D モデル ・部品表(BOM)、リスクアセスメント ・類似製品の PFMEA ・エラープルーフ(ポカヨケ)要求事項 ・製造設計／組立設計(DFM ／ DFA)、品質機能展開(QFD)
PFMEA プロジェクト計画の作成	・PFMEA プロジェクト計画の作成：7 ステップアプローチ ・計画作成時に 5T メソッド(inTent、timing、team、task、tool)を考慮
基礎 PFMEA の特定	・利用可能な基礎 PFMEA またはファミリー PFMEA を確認する。 ・(ファミリー内の新製品の場合)新しいプロジェクト固有の部品および機能を、ファミリー PFMEA に追加する。 ・(利用可能な基礎 PFMEA がない場合)新しい PFMEA を開発する。
PFMEA のヘッダーの作成	・ヘッダー項目には、基本的な PFMEA 範囲の情報が含まれる。 ・ヘッダーは組織のニーズにあわせて変更できる。

［備考］上記内容は、基本的に設計 FMEA と同じ。

図 3.6　プロセス FMEA の実施―ステップ 1：計画と準備

ステップ1(計画と準備)では、まずプロセス FMEA の対象とするプロセスを明確にします。プロセス FMEA のヘッダーについては、図 3.2 のプロセス FMEA 様式、および図 2.7(p.48)の設計 FMEA のヘッダーの例を参照ください。

[ステップ2(構造分析)]

プロセス FMEA のステップ2における実施事項を図 3.7 に示します。

ステップ2(構造分析)では、プロセス(製造工程)の分析範囲を明確にします。

プロセス構造を構成するプロセス要素を明確にします。プロセス要素は、プロセス、プロセスステップ／プロセスフロー、およびプロセス作業要素で構成されます。プロセス構造明確化のためのツールとしてブロック図／境界図や、構造分析構造ツリー(プロセスステップを明確にしたプロセスフロー図)などを作成します(図 3.8、図 3.9 参照)。

項　目	実施事項
プロセスフロー図	①　プロセスフロー図は、構造分析のインプットとして使用できるツールである。
構造ツリー	①　構造ツリーは、システム要素を階層的に配置し、構造接続を介して依存関係を表す。 ②　この図の構造は、プロセス、プロセスステップ、およびプロセス作業要素間の関係を表している。 ③　プロセス FMEA 様式構造分析の3つの項目： ・プロセス：分析の範囲内での最高レベル(最も広い範囲) ・プロセスステップ：分析対象(focus element)。故障チェーンの考慮事項のテーマ ・プロセス作業要素：プロセスから構造の下位レベルにある要素 ④　上記③の各作業要素は、プロセスステップに影響を与える可能性がある潜在的な原因の主なカテゴリの名称である。 ⑤　カテゴリの数は、組織によって異なる(例：4M、5M、6M などの特性要因図)。 ・4M カテゴリ：機械(machine)、人(man)、材料(間接)(material (indirect))、環境(environMent(milieu)) ・6M の場合の追加カテゴリ：方法(method)、測定(measurement)

図 3.7　プロセス FMEA の実施－ステップ2：構造分析

構造分析要素は、プロセス、プロセスステップ(分析対象)、および作業要素の3つの部分からなります(図3.9参照)。

このうち、分析対象(focus element)は故障チェーンにおけるメインテーマで、これが分析の中心となります。上位レベルは分析範囲の中で最も範囲の広いレベル、下位レベルは分析対象に対する作業要素(4M)です。

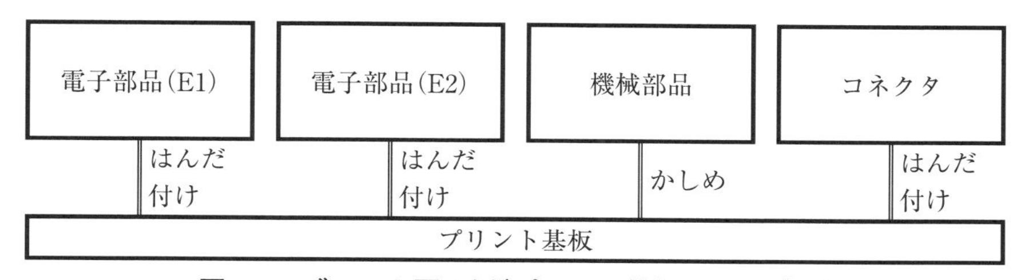

図3.8 ブロック図の例(プリント基板アセンブリ)

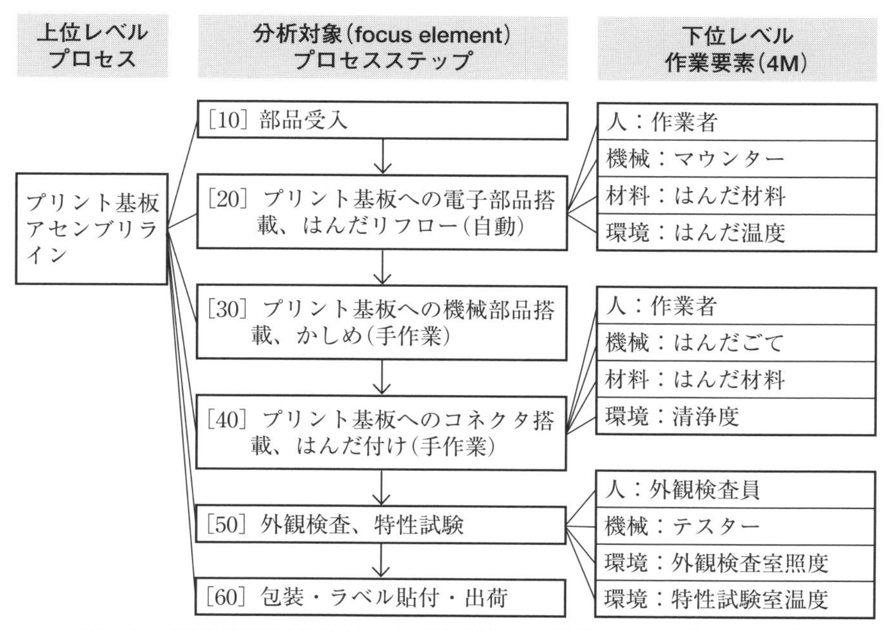

図3.9 構造分析構造ツリーの例(プリント基板アセンブリライン)

［ステップ3(機能分析)］

プロセスFMEAのステップ3における実施事項を図3.10に示します。

ステップ3（機能分析）では、各プロセスステップのプロセス機能と作業要素の4M(man 人、machine 機械、material 材料(間接)、environMent (milieu) 環境)を明確にします。4M要素は、作業方法(method)および測定(measurement)を含めた、特性要因図の6M(5M1E)でもよいでしょう。このときに、パラメータ図や機能分析構造ツリーを作成すると効果的です(図3.15、図3.16参照)。特性要因図の例を図3.20(p.89)に示します。

項　目	実施事項
機能	①　機能は、プロセスまたはプロセスステップが何を行うのかを記述する。高レベルのプロセスの機能には、組織内部機能、外部機能、顧客関連機能、エンドユーザー機能などがある。 ・これらの機能の不具合が故障影響となる。 ②　プロセスステップの機能には、プロセスステップで生産された製品の機能がある。 ・これらの不具合が故障モードである。 ③　プロセス作業要素の機能には、プロセス／製品機能を作成するためのプロセスステップの機能がある。 ・これらの不具合が故障原因となる。
要求事項(特性)	①　プロセスFMEAでは、要求事項は製品特性とプロセス特性の観点から説明される。 ・これらの不具合が、故障モードと故障原因となる。 ②　要求事項には次のようなものがある。 ・製品の特徴：外部・内部のさまざまな情報源 ・法規制要求事項：安全衛生および環境保護規制など ・業界標準と規格：IATF 16949、ISO 26262 機能安全など ・顧客要求事項：要求される品質の順守、製品の数量・納期など ・内部要求事項：製造、プロセスサイクル、製造コストなど ・プロセス特性：製品特性の達成を保証するプロセス管理
機能関係の明確化	①　プロセス機能、プロセスステップ機能およびプロセス作業要素機能の相互関係は、プロセスFMEAを実行するために使用されるソフトウェアツールに応じて、機能ネットワーク、機能構造、機能ツリー、または機能分析として明確化することができる。

図3.10　プロセスFMEAの実施－ステップ3：機能分析

［ステップ 4（故障分析）］

ステップ 4（故障分析）では、分析対象に対して、どのような故障モードの故障が起こる可能性（潜在的故障）があるか、その故障が起こったときに、上位レベルにどのような影響があるか（故障影響）、故障の原因（下位レベル）は何かを検討します（図 3.12、図 3.17（p.86）参照）。

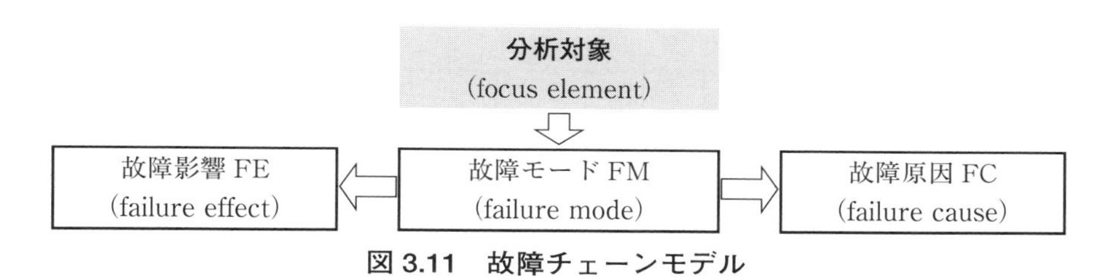

図 3.11　故障チェーンモデル

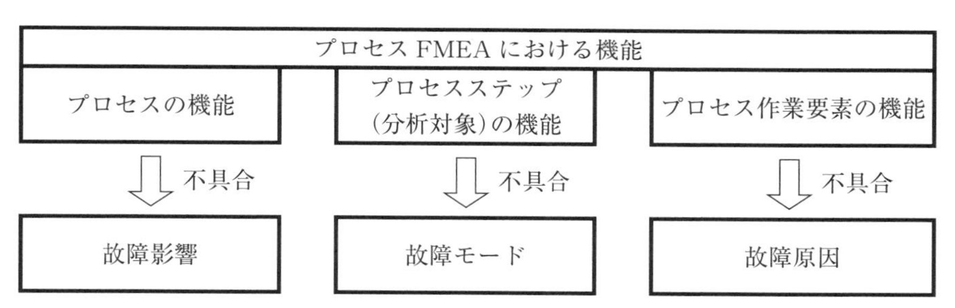

図 3.12　プロセス FMEA における機能と故障との関係

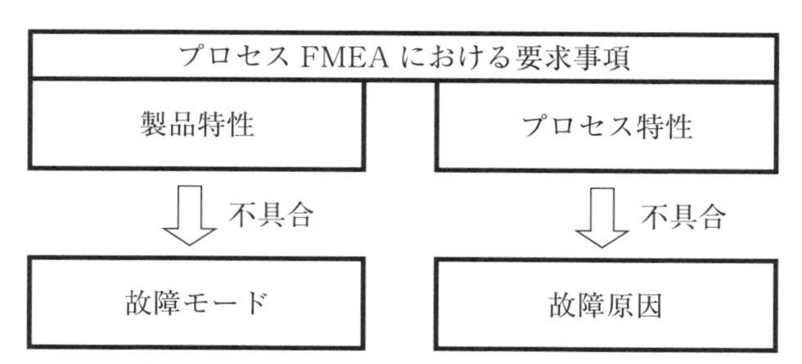

図 3.13　プロセス FMEA における要求事項と故障との関係

プロセス FMEA における要求事項のうち、製品特性に対する不具合が、故障モードとなり、プロセス特性に対する不具合が故障原因となると考えるとよいでしょう(図 3.13)。故障モードの例を図 3.18(p.88)に示します。

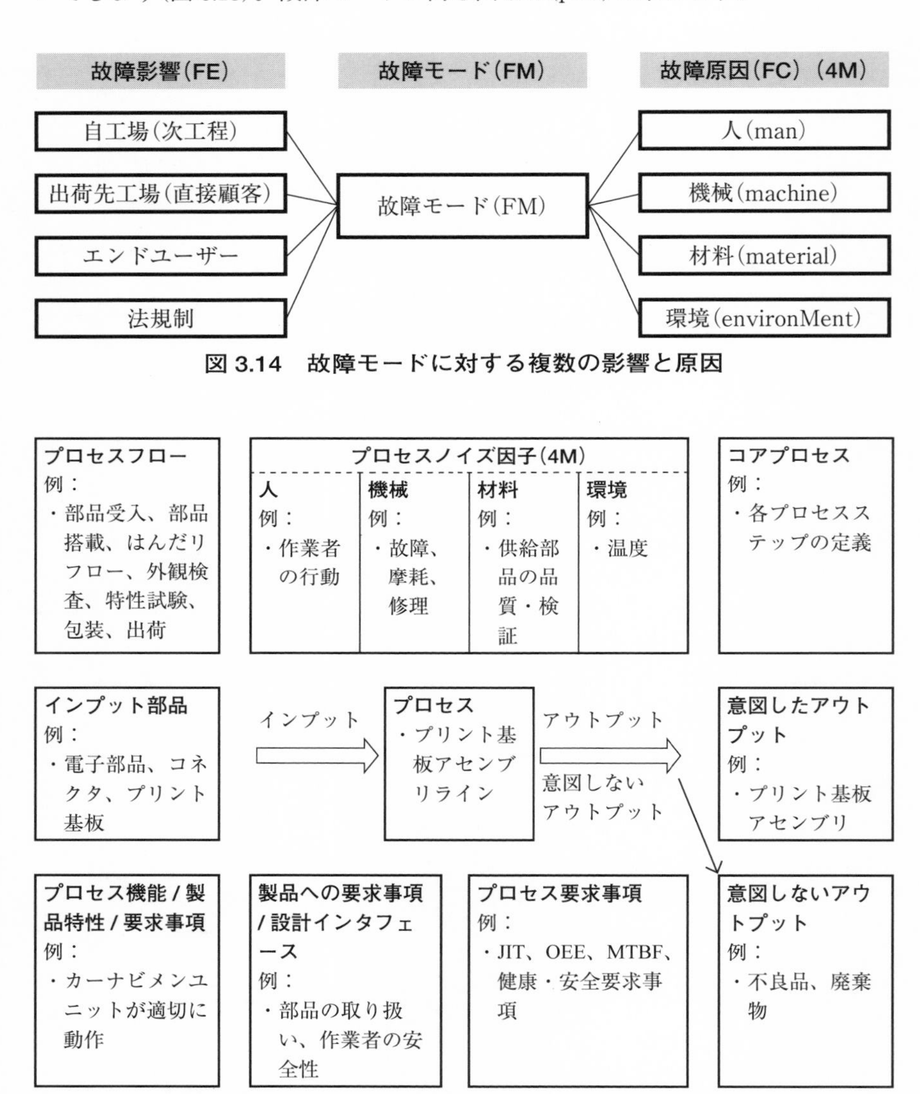

図 3.14　故障モードに対する複数の影響と原因

図 3.15　パラメータ図の例(プリント基板アセンブリライン)

故障モード(FM、failure mode)、故障影響(FE、failure effects)および故障原因(FC、failure cause)の関係を表す故障チェーンモデルを図 3.11(p.83、p.56 の図 2.17 と同じ)に示します。故障モードが FMEA の分析対象となります。顧客への影響の程度(影響度、S)を図 3.34(p.100)に従って評価します。

ステップ 4 (故障分析)では、故障分析構造ツリーを作成すると効果的です。故障分析構造ツリーの例を図 3.22(p.90)に示します。

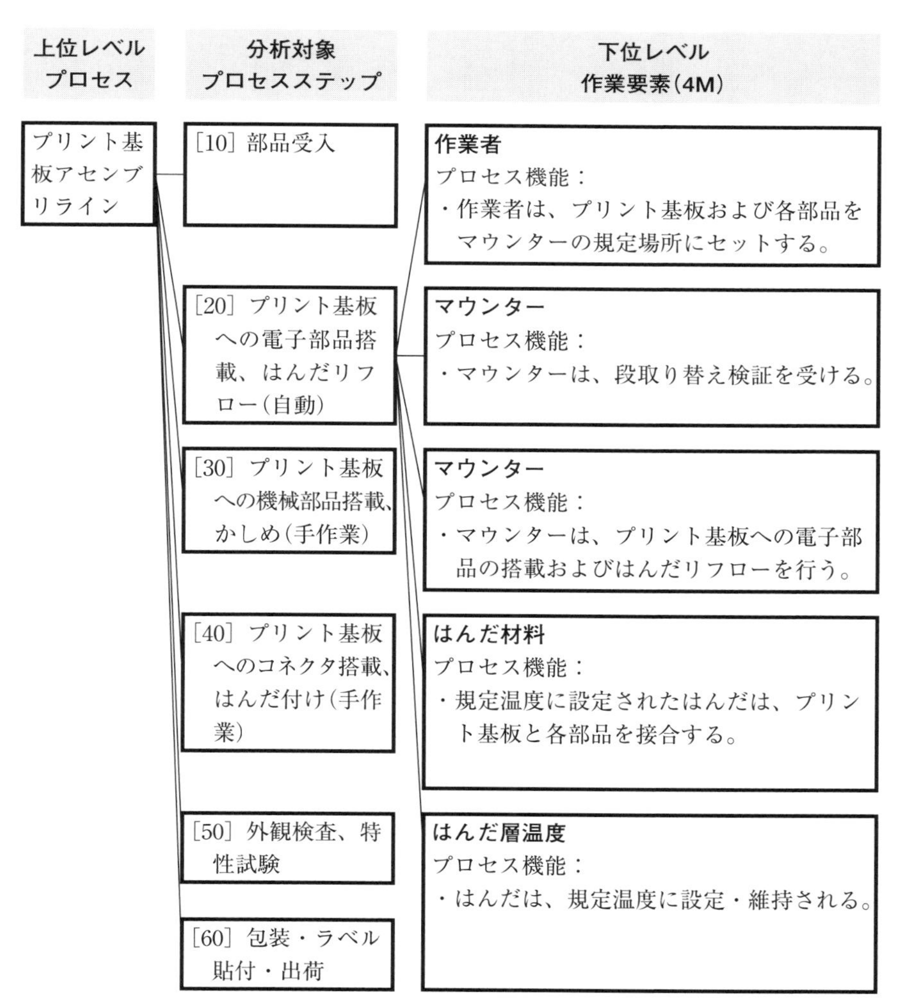

図 3.16　機能分析構造ツリーの例(プリント基板アセンブリ)

項目	実施事項
故障モード	①　故障モード(FM)は、プロセスが製品に意図した機能を提供または提供させない原因となる可能性がある方法である。 ②　故障モードは、顧客が気がつく症状ではなく、技術用語で表現する。
故障影響	①　故障影響(FE)は、プロセス項目の機能に関連する。 ・システム、サブシステム、部品要素またはプロセス名 ②　故障影響は、顧客が気づくことや経験する観点で表現される。 ③　安全に影響を与えたり、法規制への違反を引き起こす可能性がある故障は、プロセスFMEAで明確にする。 ④　プロセスFMEAの顧客は、次のようになる。 ・内部顧客(次工程の作業／作業目標) ・外部顧客(次のティアレベル／OEM／ディーラー) ・法規制 ・製品または製品のエンドユーザー／運転者 ⑤　故障影響には、以下に従って影響度が与えられる。 ・自工場：工場内で故障が検出された場合の影響(例：スクラップ) ・出荷先工場：次の工場への故障モードの影響(例：選別) ・エンドユーザー：プロセスの顧客の影響
故障原因	①　故障原因(FC)は、故障モードが発生する原因である。 ②　故障原因は、6M／5M1E(特性要因図)を含むことがある。 ・人(man)：作業者など ・機械(machine)：製造装置、ロボット、など ・材料(間接)(material)：加工油、グリースなど ・方法(method)：製造工程など ・測定(measurement)：検査・試験・装置など ・環境(environMent、milieu)：照明、温度、騒音など ③　プロセスFMEAでは、入ってくる部品／材料は問題ないものと仮定する。 ・部品／材料は別の部品／材料のFMEAとして考える。
故障分析	①　プロセスステップにもとづいて、故障が導き出され、故障分析(故障構造／故障ツリーなど)が機能解析から作成される。 ②　プロセスFMEA様式における故障分析の項目： ・故障影響(FE)：機能分析の“次の上位レベルの要素またはエンドユーザー”に関連する故障の影響 ・故障モード(FM)：機能分析の“分析対象”に関連する故障モード ・故障原因(FC)：“作業要素とプロセス特性”に関連する故障原因

図3.17　プロセスFMEAの実施―ステップ4：故障分析

なお、1つの故障モードに対して、設計 FMEA と同様、一般的に複数の故障原因および複数の故障影響が存在します。故障原因または故障影響を1つ考えればよいというわけではありません(図 3.14、p.84 参照)。

[作業要素 4M]

FMEA ハンドブックで述べている作業要素の 4M と、一般的に知られている 4M 要素または特性要因図(図 3.20 参照)の 6M(5M1E)では、少し異なります。

一般的に知られている 4M 要素は、人(Man)、機械(machine)、材料(material)および作業方法(method)ですが、FMEA ハンドブックの 4M の1つの M は、作業方法(method)ではなく、環境(environMent)です。また、FMEA ハンドブックでは、材料は間接材料(indirect material)です。これは、下記の[プロセス FMEA における部品・材料の扱い]で述べるように、"プロセス FMEA では、入ってくる部品/材料は問題ないと仮定する"に対応しています。また、一般的に知られている特性要因図の 6M(5M1E)要素は、人(man)、機械(machine)、材料(material)、作業方法(method)、測定(measurement)および環境(environment)です(図 3.19 参照)。

[FTA]

故障原因を調査する手法として、特性要因図(図 3.20 参照)の他に、FT 図(故障の木図、fault tree diagram、図 3.21 参照)があります。根本原因を究明するには、FT 図の方がよいかも知れません。

また FT 図の根本原因(基本事象)の発生確率がわかっている場合は、故障発生率が算出できます。これが FTA(故障の木解析、fault tree analysis)で、後述の故障の発生度(O、occurrence)(図 3.31、p.97 参照)の有効な評価手法となります。FTA については、第 5 章でも説明します。

[プロセス FMEA における部品・材料の扱い]

FMEA ハンドブックでは、図 3.17 の故障原因③に示すように、"プロセス FMEA では、入ってくる部品/材料は問題ないと仮定する"と述べています。

これは、部品／材料の問題点は、プロセス FMEA ではなく、別の FMEA として考えることを述べています。その理由は、プロセス FMEA を検討する際に、対象プロセスで使用する部品／材料が多い場合、部品／材料に対する問題点を取り扱うとすると、出来上がったプロセス FMEA 様紙の大半を部品材料に関する問題点で占めることになり、プロセスのリスク評価の FMEA ではなくなる可能性があるからです。

項　目	実施事項
潜在的な故障モードの例	・プロセス機能の喪失／操作が行われていない。 ・一部機能が不完全な操作　・プロセス機能の低下 ・プロセス機能の超過－多すぎる。 ・断続的なプロセス機能－一般性のない動作　・動作が不安定 ・意図しないプロセス機能－誤操作 ・間違った部品が取り付けられている。 ・プロセス機能の遅延－操作が遅すぎる。
故障モードの例	・穴が開いていない。　・コネクタピンの位置ずれ ・コネクタが完全に装着されていない。　・合否判定間違い ・ラベル抜け　・バーコードが読めない。 ・誤ったソフトウェアのために ECU が点滅した。

図 3.18　故障モードの例

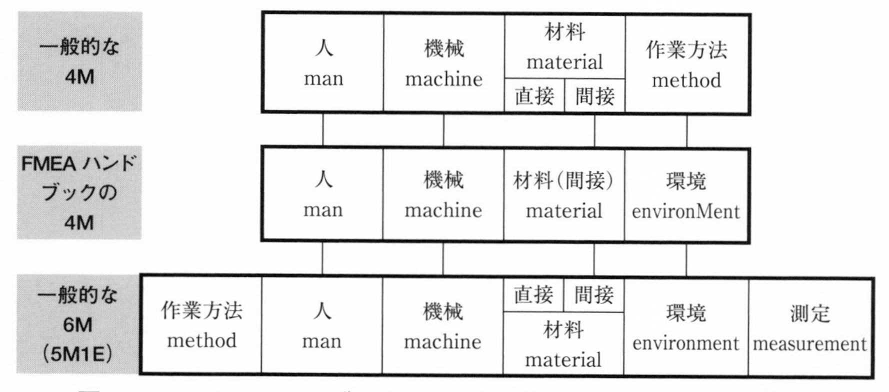

図 3.19　FMEA ハンドブックの 4M と一般的な 4M ／ 6M との関係

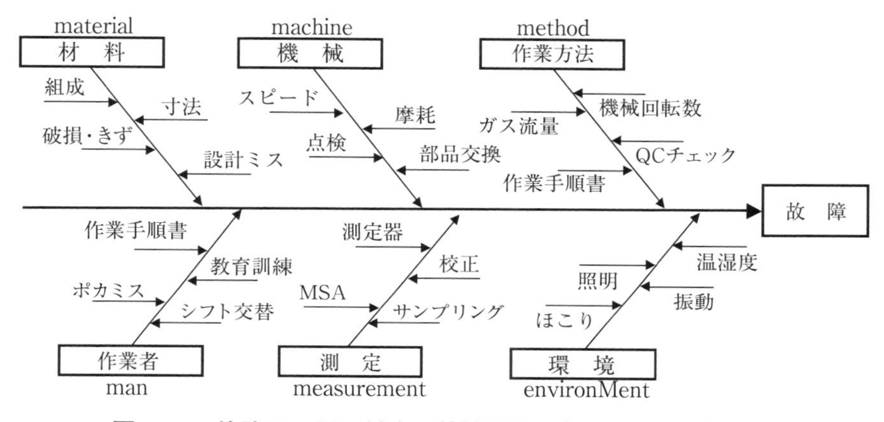

図 3.20 故障モードに対する特性要因図(6M ／ 5M1E)の例

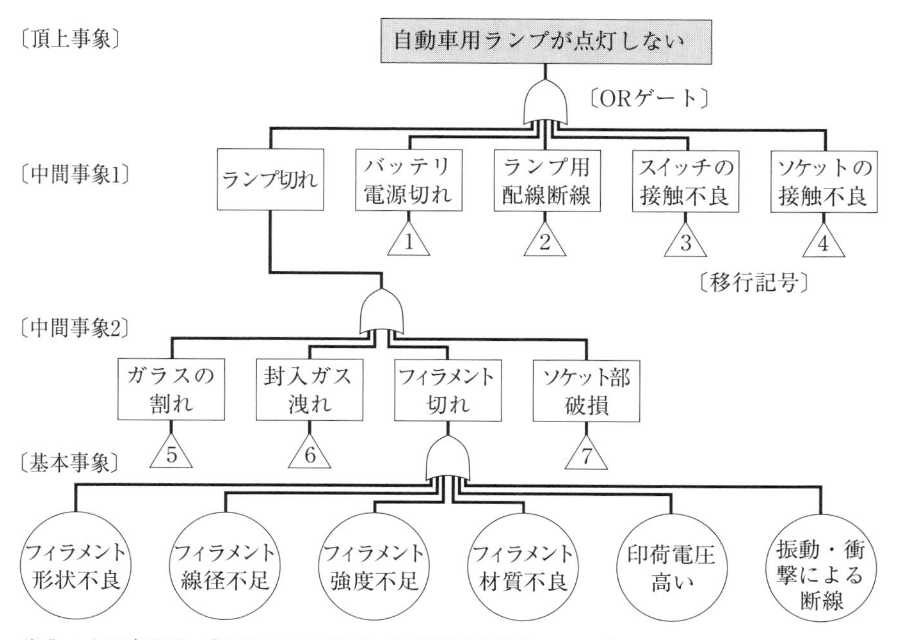

出典：小野寺勝重：『実践 FTA 手法』、日科技連出版社、2000 年

図 3.21 FT 図の例

なお、部品・材料を外部の供給者から購入している場合は、その供給者に部品・材料のFMEAを作成してもらうことになります。IATF 16949では、部品・材料の供給者に対しても、FMEAの作成を要求しています。

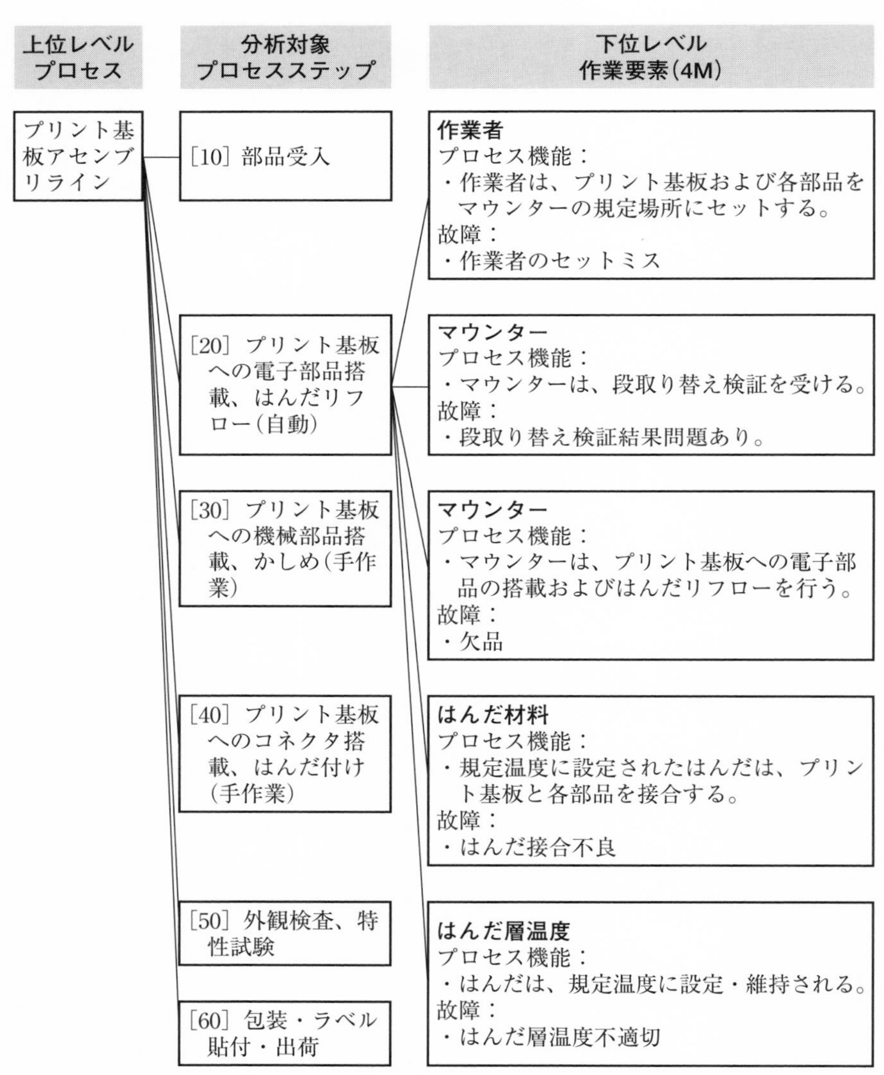

図3.22　故障分析構造ツリーの例(プリント基板アセンブリ)

項　目	実施事項
現在の予防管理(PC、prevention control)	①　予防管理は、設計へのインプット情報を提供する。 ②　現在の予防管理は、既存の活動と計画された活動を使用して、故障モードを引き起こす潜在的な原因を低減する方法を記述する。 ③　予防管理は、発生度(O)を決定するための基礎となる。 ④　予防処置の完了後、発生度は検出管理によって確認される。
現在の検出管理(DC、detection control)	①　現在の検出管理は、製品が生産リリースされる前に、故障原因または障害モードを検出する。 ②　現在の検出管理は、計画された活動(またはすでに完了した活動)を表す。検出管理は、故障を検出することができる、検証・妥当性確認手順について記述する。 ③　故障原因または故障モードの検出につながるすべての管理を、“現在の検出管理”欄に記述する。
リスク評価基準	①　リスクを評価するための 3 つの評価基準がある。 ・影響度(S 、severity)：故障影響の厳しさを表す。 ・発生度(O、occurrence)：故障原因の発生度を表す。 ・検出度(D、detection)：発生した故障原因および故障モードの検出度を表す。
影響度(S)	①　影響度(S)は、評価される機能の特定の故障モードに対する最も重大な故障の影響の尺度である。 ②　影響度は、影響度評価表の基準を使用して、発生度や検出度に関係なく評価される。
発生度(O)	①　発生度(O)は、評価基準を考慮に入れた予防管理の有効性の尺度である。 ②　発生度は、発生度評価表の基準を用いて評価する。
検出度(D)	①　検出度(D)は、製品が製造にリリースされる前に、故障原因または故障モードを確実に示すための検出管理の有効性の尺度である。 ②　検出度は、検出度評価表の基準を使用して、影響度や発生度に関係なく評価される。
処置優先度(AP、action priority)	①　処置優先度(AP、action priority)は、最初に影響度(S)、次に発生度(O)、そして検出度(D)の順に重点を置いて作成され、FMEA の故障予防の意図に従っている。 ②　処置優先度(AP)は、処置優先度(AP)表にしたがって評価され、優先度の H(高)／ M(中)／ L(低)の各レベルに対して、必要な処置が求められる。

図 3.23　プロセス FMEA の実施－ステップ 5：リスク分析

[ステップ5(リスク分析)]

プロセスFMEAのステップ5における実施事項を図3.23に示します。

本書の3.1節のプロセスFMEA実施のステップでも述べましたが、ステップ5（リスク分析）では、故障モードに対して、現時点でどのような予防管理および検出管理を行っているかを明確にして、その管理の程度(発生度Oおよび検出度D)を、図3.32(p.98)および図3.35(p.100)の評価基準で評価します。

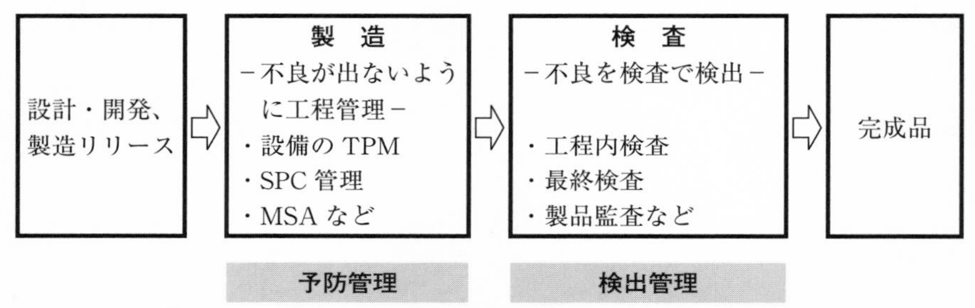

図3.24　プロセスFMEAにおける予防管理と検出管理

項目	実施事項
現在の予防管理(PC)	①　生産設備による、不良品生産防止の例： ・機械の両手操作　・ポカヨケ　・設備保全 ・作業指示・視覚補助　・自動化機械　・バーコード ②　製造工程において、故障原因を取り除く(防ぐ)か、または発生度を下げる。
現在の検出管理(DC)	①　現在の検出管理は、製品がプロセスを離れる前または顧客に出荷される前に、自動化または手動による方法で、故障原因または故障モードの存在を検出する。 ②　現在の検出管理の例： ・外観検査　・標準見本による目視検査 ・カメラシステムによる光学検査 ・限界サンプルによる光学試験　・ランダム検査 ・トルク監視　・プレス荷重監視 ・ライン終了時点での機能チェック

図3.25　プロセスFMEAにおける現在の予防管理および検出管理の例

プロセス FMEA における予防管理と検出管理の関係を図 3.24 に、プロセス FMEA における現在の予防管理および検出管理の例を図 3.25 に示します。

［ステップ 6（最適化）］

プロセス FMEA のステップ 6 における実施事項を図 3.26 に示します。

ステップ 6（最適化）では、リスク低減の処置、すなわち追加の予防処置または検出処置を計画して実施し、処置後の影響度(S)、発生度(O)、検出度(D)、および処置優先度(AP)を再評価します。

図 3.26 のプロセス FMEA 様式の処置状態欄は、処置が計画されているか、計画された処置が実施されているか、完了したかなどの、処置状態を識別するのに使用されます。FMEA チームがそれ以上の処置が不要であると判断した場合は、リスク分析が完了したことを示すために、“これ以上の処置は必要ない”というコメントを“備考”欄に記載します。

なおプロセス FMEA の最適化は、図 3.35（p.100）に示す順序で行うと効果的です。

項　目	実施事項
追加の予防処置	・発生度を低減するための追加の予防処置を計画する。
追加の検出処置	・検出度を低減するための追加の検出処置を計画する。
責任者の名前	・各処置(上記追加の予防処置および検出処置)の実施責任者の名前を記載する。
完了予定日	・各処置の完了予定日を記載する。
処置状態	・処置状態の区分は次のとおり： －未決定：処置が定義されていない。 －決定保留：処置は定義されているが、まだ決定されていない。 －実施保留：処置は決定されたが、まだ実施されていない。 －完了：処置が実行され完了し、その有効性が実証され、文書化された。 －処置なし：処置を実施しないことが決定されたとき
処置内容とその証拠	・とられた処置の内容とその証拠(記録)

図 3.26　プロセス FMEA の実施－ステップ 6：最適化

[ステップ7(結果の文書化)]

プロセスFMEAのステップ7における実施事項を図3.27に示します。

ステップ7（結果の文書化）では、解析結果と結論を文書化し、組織内に(要求されている場合は顧客にも、また必要な場合はサプライヤーにも)伝達します。FMEA報告書の様式は、組織が決めるとよいでしょう(図3.28参照)。

項　目	実施事項
ステップ7における実施事項	①　FMEA解析結果と結論をFMEAレポートとして文書化する。 ②　FMEAレポートの内容を組織内に伝達する。 ・要求されている場合は顧客にも、必要な場合はサプライヤーにも ③　FMEAレポートは、設計FMEAチームが各タスクの完了を確認するための要約となる。 ・FMEAレポートは、組織内または組織間のコミュニケーションのために使用される。

図3.27　プロセスFMEAの実施－ステップ7：結果の文書化

項　目	実施事項
プロセスFMEA報告書の内容	①　プロジェクト計画で定められた当初の目標と比較した最終的な状況－5T(FMEAの意図、FMEAのタイミング、FMEAチーム、FMEAのタスク、FMEAツール)の明確化 ②　分析範囲および新規事項の明確化 ③　機能の開発過程の要約 ④　チームによって決定された、高リスクの故障の要約と、組織で決めたS／O／D評価表、および処置優先度の基準(処置優先度表など)の要約 ⑤　リスクの高い故障に対処するために取られた、または計画されている処置の要約 ⑥　進行中の処置の計画 ・オープン(未完了)な処置を完了させるためのコミットメントとタイミング ・量産中のPFMEAの見直し ・基礎PFMEAの見直し(該当する場合)

図3.28　プロセスFMEA報告書の内容

3.3 設計 FMEA とプロセス FMEA

設計 FMEA とプロセス FMEA との関係を図 3.29 に示します。

設計 FMEA における、エンドユーザーへの“製品”の故障の影響(車両レベル)は、プロセス FMEA に取り込まれるように、相関をとる必要があります。

プロセスの失敗によって引き起こされ、設計 FMEA で識別されていないすべての故障影響は、プロセス FMEA で新しく定義し、評価するようにします。

また設計 FMEA でフィルターコードとして識別された特性については、プロセス FMEA での特別な管理が必要となります。

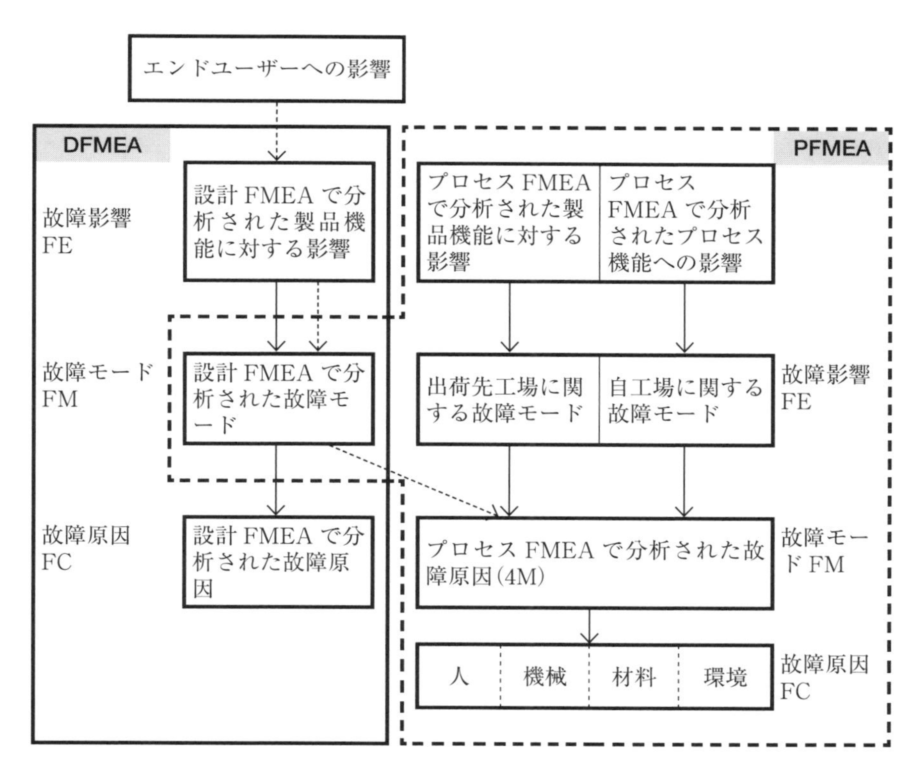

図 3.29 設計 FMEA とプロセス FMEA の関係

3.4　プロセス FMEA の評価基準

プロセス FMEA 評価基準として、影響度(S)、発生度(O)および検出度(D)を図 3.30、図 3.32、図 3.33 に示します。各評価表ともに、設計 FMEA と同様ユーザー記入欄があります。また、プロセス FMEA の発生度の評価基準の代替案を図 3.31 に示します。これは、設計 FMEA の場合と同じです。

図 3.32 の影響度(S)は、自工場への影響、出荷先工場への影響およびエンドユーザーへの影響の 3 つに分かれています。自工場への影響および出荷先工場への影響は、それぞれの工場の作業者の安全および健康への影響、工場規制違反のほか、工場の生産性にどの程度の影響があるのかが評価対象となっています。なおエンドユーザーへの影響は、設計 FMEA と同じです。

図 3.30 の発生度(O)は、予防管理の内容に依存することになります。この発生度(O)の評価基準表には、管理のタイプとして、技術的、ベストプラクティス、および行動的という区分が設定されています。技術的は予防管理が機械的に行われていること、ベストプラクティスは予防管理が装置管理によって行われていること、そして行動的は予防管理が作業者の資格認定によって行われていることと考えるとよいでしょう。また、図 3.33 の検出度(D)は、設計 FMEA の場合と同様、検査方法の成熟度(完成度)と検査の方法(感度)で区分されています。

処置優先度(AP)および期待される処置も、設計 FMEA と同じです(図 3.34、および図 3.35、p.100 参照)。

これは、高、中、低リスクの優先順位付けではなく、処置を低減するための処置の必要性の優先順位付けです。

なお、FMEA ハンドブックでは、プロセス FMEA 様式の項目数が大幅に増加しました。ステップ 2 からステップ 6 までを横一列に並べた紙媒体の様式ではなく、適当なソフトウェアを使用するとよいでしょう。

3.5　プロセス FMEA の実施例

プロセス FMEA の実施例を図 3.36(p.101)に示します。

O	発生度(occurrence)の基準			注
	管理の種類	予防管理		
10	なし	予防管理なし		
9	行動的(behavioral)	予防管理は、故障原因の予防に	ほとんど効果がない。	
8				
7	行動的または技術的(technical)		いくらか効果的	
6				
5			効果的	
4				
3	ベストプラクティス、行動的または技術的		非常に効果的	
2				
1	技術的	設計(例：部品形状)またはプロセス(例：治工具設計)に起因する故障原因の発生防止に有効な予防管理で、故障は発生しない。		

［注］ユーザー記入欄。組織または製品ラインの例を記載(他の評価基準表も同様)

図3.30　プロセスFMEA評価基準ー発生度(O)

O	発生度(occurrence)の基準(代替案)	
	1,000台あたり	時間あたり
10	≧ 100/1,000	いつも
9	50/1,000	ほとんどいつも
8	20/1,000	＞1/シフト
7	10/1,000	＞1/日
6	2/1,000	＞1/週
5	0.5/1,000	＞1/月
4	0.1/1,000	＞1/年
3	0.01/1,000	1/年
2	≦ 0.001/1,000	＜1/年
1	予防管理により故障は発生しない	

［備考］この評価基準は設計FMEAと同じ。

図3.31　プロセスFMEA評価基準ー発生度(O)の代替案

<table>
<tr><th rowspan="2">S</th><th colspan="6">影響度(severity)の基準</th><th rowspan="2"></th></tr>
<tr><th colspan="2">自工場への影響</th><th colspan="2">出荷先工場(直接顧客)への影響
(既知の場合)</th><th colspan="2">エンドユーザーへの影響(既知の場合)</th></tr>
<tr><td>10</td><td colspan="4">故障によって、製造／組立作業者に、健康上／安全上のリスクが生じる。</td><td colspan="2">車両／他の車両の安全運転に影響、また車両の運転者や同乗者、道路使用者／歩行者の健康に影響</td><td></td></tr>
<tr><td>9</td><td colspan="6">工場規制違反となる。</td><td></td></tr>
<tr><td>8</td><td colspan="2">影響を受ける生産工程の100%が廃棄される。</td><td colspan="2">ライン停止、出荷の中止。
市場での修理／交換が必要(エンドユーザー向けの組立)。</td><td rowspan="2">(予想される車両の耐用期間内の通常の運転に必要な)
車両の主要機能の</td><td>喪失</td><td></td></tr>
<tr><td>7</td><td colspan="2">製品は選別され、一部廃棄される。
主要工程からの逸脱、ラインスピードの低下、マンパワーの増加を招く。</td><td colspan="2">1時間からフル生産までのラインの停止または出荷の中止。
現場での修理／交換が必要(エンドユーザー向けの組立)</td><td>低下</td><td></td></tr>
<tr><td>6</td><td>生産工程の100%が、</td><td rowspan="2">オフラインで再加工して、受け容れられる必要がある。</td><td colspan="2">1時間以内のライン停止</td><td rowspan="2">車両の二次機能の</td><td>喪失</td><td></td></tr>
<tr><td>5</td><td>生産工程の一部が、</td><td colspan="2">一部の製品が影響を受ける。
追加の不良品の可能性が高く、選別が必要。
ラインはシャットダウンしない。</td><td>低下</td><td></td></tr>
<tr><td>4</td><td>生産工程の100%が、</td><td rowspan="2">ステーション(自工程)内で再加工する必要がある。</td><td>不良品は重大な対応計画が必要</td><td rowspan="2">それ以外の不良品の選別は必要ない。</td><td>非常に</td><td rowspan="3">不快な外観、騒音、振動、乗り心地、または触覚</td><td></td></tr>
<tr><td>3</td><td>生産工程の一部が、</td><td>不良品は軽微な対応計画が必要</td><td>やや</td><td></td></tr>
<tr><td>2</td><td colspan="2">プロセス、操作、作業者にとって少し不便</td><td>不良品は対応計画を必要としない。</td><td>サプライヤーへのフィードバックが必要</td><td>少し</td><td></td></tr>
<tr><td>1</td><td colspan="6">認識できる影響はない。</td><td></td></tr>
</table>

図 3.32　プロセス FMEA 評価基準－影響度(S)

<table>
<tr><th rowspan="2">D</th><th colspan="3">検出度(detection)の評価基準</th><th rowspan="2"></th></tr>
<tr><th>検出方法の成熟度
(maturity)</th><th colspan="2">検出の可能性
(opportunity)</th></tr>
<tr><td>10</td><td>試験／検査方法が確立されていない。</td><td colspan="2">故障モードは検出されないか、検出できない。</td><td></td></tr>
<tr><td>9</td><td>試験／検査方法が故障モードを検出することはほとんどない。</td><td colspan="2">故障モードは、不定期または散発的な監査(評価・検証)では簡単には検出されない。</td><td></td></tr>
<tr><td>8</td><td rowspan="2">試験／検査方法は、効果的で信頼性があることが証明されていない。</td><td colspan="2">故障モードまたは故障原因を検出するための、人による検査(目視、触覚、聴覚)、または手動ゲージ(計数または計量)の使用</td><td></td></tr>
<tr><td>7</td><td colspan="2">機械ベースの検出(ライトやブザーによる通知を伴う半自動)、または故障モードや故障原因を検出する三次元測定機などの検査機器の使用</td><td></td></tr>
<tr><td>6</td><td rowspan="2">試験／検査方法は、効果的かつ信頼性があることが証明されている。</td><td colspan="2">故障モードまたは故障原因を検出するための、人による検査(目視、触覚、聴覚)、または手動ゲージ(計数または計量)の使用(製品サンプルチェックを含む)</td><td></td></tr>
<tr><td>5</td><td colspan="2">機械ベースの検出(ライトやブザーによる通知を伴う半自動)、または故障モードや故障原因を検出する三次元測定機などの検査機器の使用(製品サンプルチェックを含む)</td><td></td></tr>
<tr><td>4</td><td rowspan="2">試験／検査のシステムは、効果的で信頼性があることが証明されている。</td><td>後工程の故障モードを検出し、</td><td rowspan="2">それ以降の処置を防止する機械ベースの自動検出システムによって、製品を不適合として識別し、指定された不合格品置き場まで自動的に進める。
不適合製品は、工場からの製品の流出を防ぐロバスト(頑強)なシステムによって管理されている。</td><td></td></tr>
<tr><td>3</td><td>故障モードをステーション(自工程)内で検出し、</td><td></td></tr>
<tr><td>2</td><td>検出方法は効果的かつ信頼性があることが証明されている。
例：方法、ポカヨケ検証などの経験がある。</td><td colspan="2">原因を検出し、故障モード(不適合製品)が発生しないようにする機械ベースの検出方法</td><td></td></tr>
<tr><td>1</td><td>設計あるいは製造工程によって、故障モードは物理的に発生しない。</td><td colspan="2">あるいは検出方法が、故障モードまたは故障原因を常に検出することが証明されている。</td><td></td></tr>
</table>

図 3.33　プロセス FMEA 評価基準―検出度(D)

S(影響度)	O(発生度)	D(検出度)			
		10-7	6-5	4-2	1
10-9	10-6	H	H	H	H
	5-4	H	H	H	M
	3-2	H	M	L	L
	1	L	L	L	L
8-7	10-8	H	H	H	H
	7-6	H	H	H	M
	5-4	H	M	M	M
	3-2	M	M	L	L
	1	L	L	L	L
6-4	10-8	H	H	M	M
	7-6	M	M	M	L
	5-4	M	L	L	L
	3-1	L	L	L	L
3-2	10-8	M	M	L	L
	7-1	L	L	L	L
1	10-1	L	L	L	L

［備考］　H：高(high)、M：中(medium)、L：低(low)
プロセス FMEA の処置優先度(AP)は設計 FMEA と同じ。

図 3.34　プロセス FMEA の処置優先度(AP)

順序	目　的	実施事項
①	故障影響(FE)の排除・低減、すなわち厳しさ(S)の低減	工程変更
②	故障原因(FC)の発生度(O)の低減	工程変更
③	故障原因(FC)／故障モード(FM)の検出度(D)の向上	追加の検出処置

図 3.35　プロセス FMEA 最適化の順序

	構造分析（ステップ 2）		
No.	プロセス	プロセスステップ／分析対象	プロセス作業要素
1	プリント基板アセンブリライン	[20] プリント基板はんだリフロープロセス	人：作業者 機械：マウンター 材料：はんだ材料 環境：はんだ温度
2			

	機能分析（ステップ 3）		
	プロセスの機能	プロセスステップ／分析対象の機能・製品特性	プロセス作業要素の機能・プロセス特性
1	カーナビメインユニットの動作	プリント基板に部品を搭載し、はんだリフローで自動半田付け	人：資格認定作業者 機械：基板に部品を搭載 材料：指定規格はんだ使用 環境：はんだ層温度の設定
2			

	故障分析（ステップ 4）			
No.	プロセス機能の故障影響（FE）	S	プロセスステップ／分析対象の故障モード（FM）	プロセス作業要素の故障原因（FC）
1-1	カーナビメインユニットが適切に動作しない。	6	欠品	機械：マウンター保全不良
1-2			はんだ接合不良	人：はんだ温度設定ミス
1-3				材料：指定外はんだ使用
1-4				環境：はんだ層温度不良
2				

	リスク分析（ステップ 5）				
No.	FC に対する現在の予防管理（PC）	O	FC/FM に対する現在の検出管理（DC）	D	AP
1-1	機械：マウンターの定期点検	6	外観検査、特性試験	6	M
1-2	人：資格認定	6	外観検査、特性試験	6	M
1-3	材料：はんだ品番使用前確認	6	外観検査、特性試験	6	M
1-4	環境：はんだ層温度定期確認	6	外観検査、特性試験	6	M
2					

	ステップ 6　最適化					
	追加の予防処置	追加の検出処置	S	O	D	AP
1-1	部品搭載位置監視カメラ設置、欠品自動検出	なし	6	4	6	L
：						

図 3.36　プロセス FMEA の実施例（カーナビ）

第4章

FMEA-MSR

この章では、AIAG & VDA FMEA ハンドブックにおいて新しく開発された、FMEA-MSR（監視およびシステム応答の補足 FMEA）について説明します。

FMEA-MSR は、自動車の機能安全規格 ISO 26262 にもとづいているため、FMEA-MSR を理解するためには、第5章の ISO 26262 をあわせて参照ください。

この章の項目は、次のようになります。

4.1　FMEA-MSRの概要

FMEA-MSR(監視およびシステム応答の補足FMEA、supplemental FMEA for monitoring & system response)は、顧客運用(customer operation)条件下で発生する可能性のある潜在的な故障原因による、システム、車両、人、および法規制順守に対する影響に関して分析するFMEAです。ここで、顧客運用には、エンドユーザー操作、すなわち自動車の使用中の操作(運転)および整備などがあります。

FMEA-MSRは、故障原因または故障モードが、システムによって(機械的に)検出されるか、または故障影響が運転者によって検出されるかどうかを考慮します。またシステム応答には、機械的な応答(自動応答)と、人(運転者)による応答があります。なおFMEA-MSRは、VDAのFMEAマニュアルの“メカトロニクスシステムに対するFMEA”にもとづいて作成されました。

図4.1は、リスク分析のタイミングと各種FMEAとの関係を示します。設計FMEAとプロセスFMEAが、製品(自動車部品)の設計(製品設計および工程設計)段階で発生する可能性のあるリスクを分析するFMEAであるのに対して、FMEA-MSRは、製品が市場で使用される段階(自動車の運転または整備など)で発生する可能性のあるリスクを分析するFMEAです。

図4.2は、FMEA-MSRによる監視とシステム応答について示しています。自動車の運用(運転・整備など)中に、障害(fault、故障原因)が発生したかどうかを監視し、障害が発生した際にそれを検出し、システム的に応答(機械的な自動応答または人による応答)を行うことにより、顧客への故障影響を低減(事故を防止)させるものです。

FMEA-MSRでは、障害(fault、故障原因)の発生と故障(failure)の発生のタイミングを区別しています。障害と故障が同時に発生するのではなく、障害が発生した後、少し遅れて故障が発生するという考え方です。したがって、障害が発生した直後に、適切な処置(応答)を行えば、顧客への影響を低減(事故を防止)できるという考え方です(図4.3、図4.4参照)。

FMEA-MSRにおける故障チェーンモデルは、図4.5のようになります。これをハイブリッド故障チェーンモデルと呼びます。

図 4.6 は、各 FMEA の対象製品を示します。設計 FMEA とプロセス FMEA は、すべての自動車部品(システム、サブシステム、部品・材料)が対象となるのに対して、FMEA-MSR は、電子制御システムが対象となります。

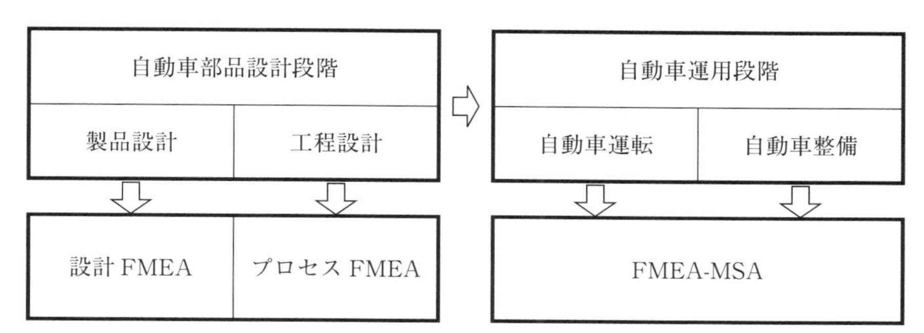

図 4.1 リスク分析のタイミングと FMEA

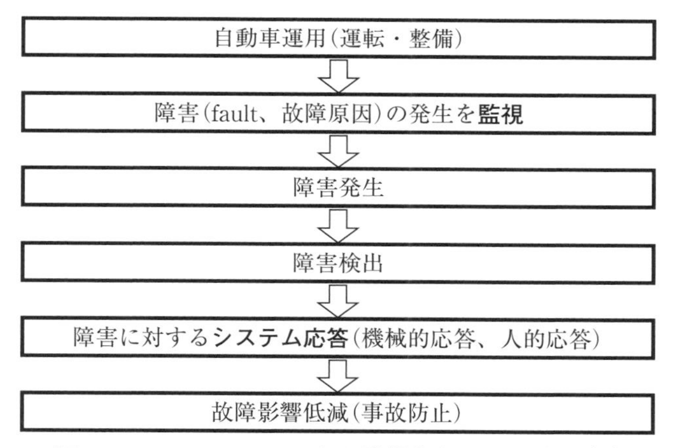

図 4.2 FMEA-MSR による監視とシステム応答(1)

用語	定　義
障害 fault	・分析対象(focus element)が、本来の機能や状態から逸脱させることにつながる異常な状態(きっかけ、故障の原因)
故障 failure	・分析対象が、本来の機能や性能を逸脱した状態(結果) ・障害の結果が故障となる。

図 4.3 用語：障害と故障

FMEA-MSRの対象となる、電子制御システムの基本的な構成例を図4.7に示します。電子制御システムは、一般的に電子制御装置(ECU、electronic control umit)、センサー（sensor)およびアクチュエータ(actuator)で構成されています。ここでセンサーは、温度、圧力、音などの情報を検出する装置、アクチュエータは、電気信号を物理的運動に変換する装置です(図4.8参照)。

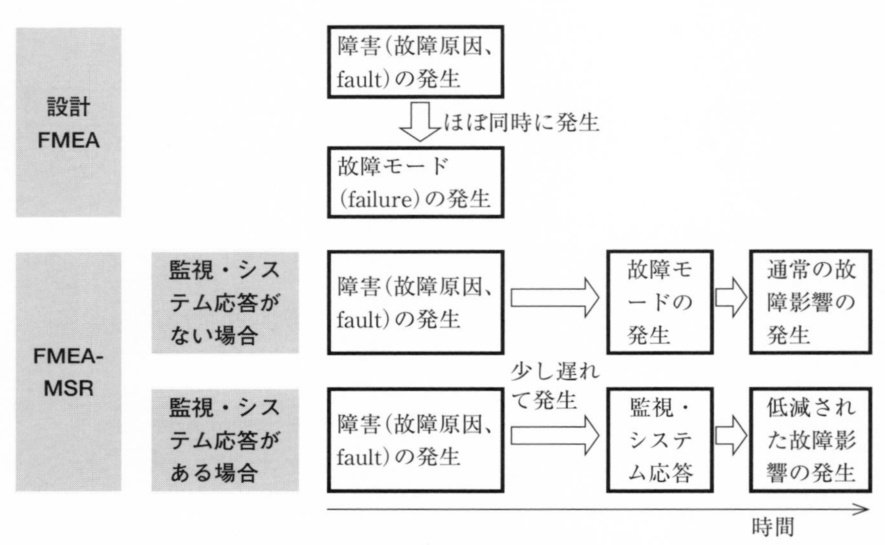

図4.4　故障原因と故障モードの発生タイミングの考え方

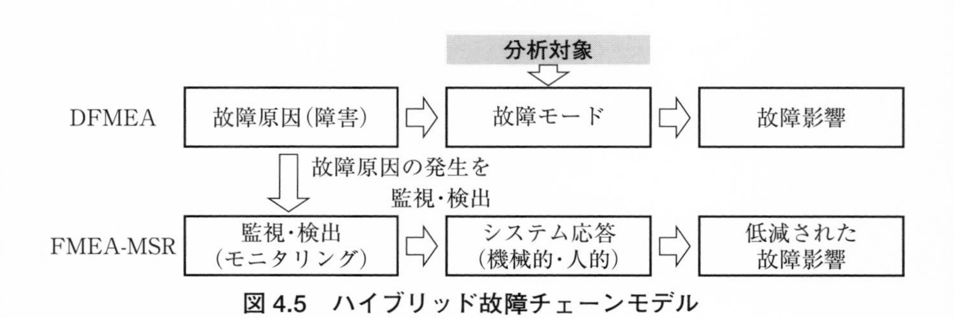

図4.5　ハイブリッド故障チェーンモデル

図 4.9 は、図 4.2 と同様、FMEA-MSR における監視とシステム応答の関係を示します。自動車の運転中、障害(故障原因、faut)の発生を診断監視・検出します。そして障害が検出された場合に、システム応答(機械的にまたは人によって)を行い、故障回避、すなわち故障影響低減(事故の防止)の処置をとります。

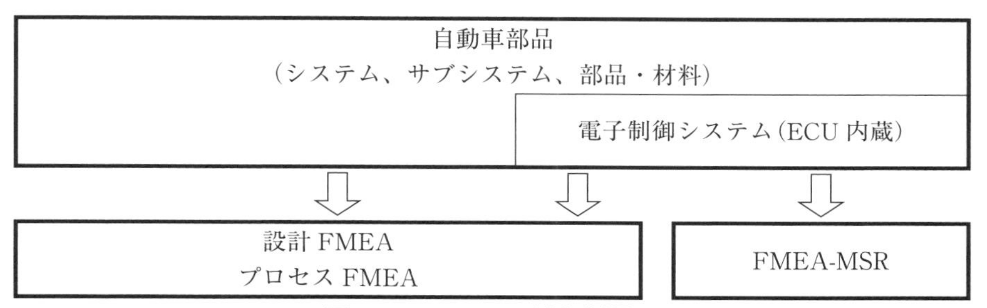

図 4.6　FMEA の対象製品

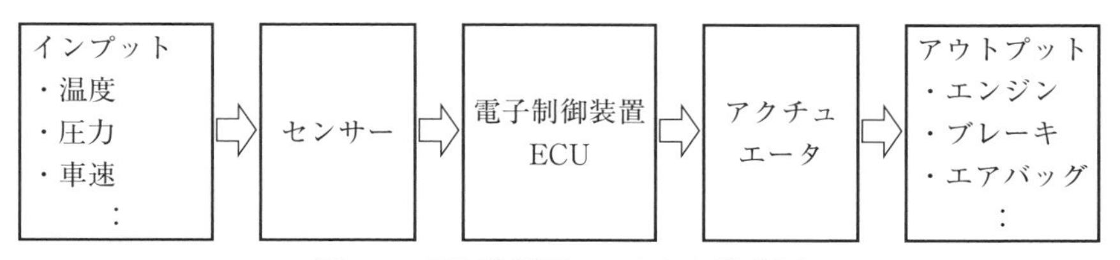

図 4.7　電子制御システムの構成例

項目	内　容
センサー sensor	・温度、圧力、音などの情報を検出する素子または装置
ECU electronic control unit	・電子制御装置 ・ECU にはソフトウェアが組み込まれている。
アクチュエータ actuator	・電気信号を物理的運動に変換する素子または装置

図 4.8　用語：センサー、ECU、アクチュエータ

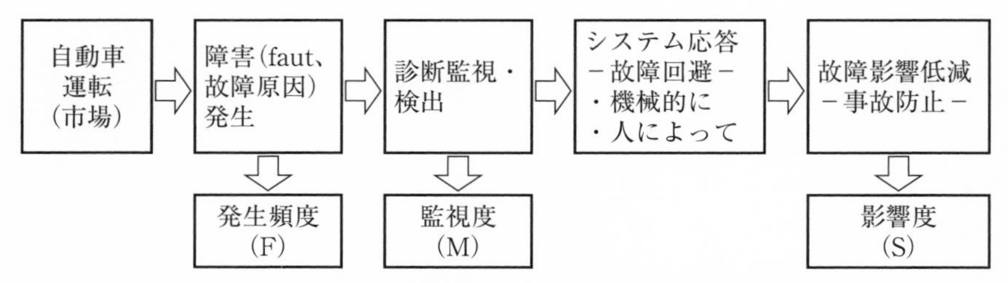

図 4.9　FMEA-MSR における監視とシステム応答(2)

障害の発生頻度を評価する指標として発生頻度(F、frequency)があり、また障害発生を検出して、システム応答する指標として監視度(M、monitoring)があります。発生頻度(F)および監視度(M)の詳細については、後に詳しく説明します(図 4.9 参照)。

FMEA-MSR によって、現在の故障リスクの状態を評価し、許容可能な残存リスク(安全対策を行った後に残るリスク、residual risk)の条件と比較することによって、追加の監視(モニタリング、monitoring)の必要性を判断することができます。

故障は、障害によって誤動作が発生し、最終的なシステム状態(故障影響)に至る可能性のあるイベント(出来事)が発生する動作条件です。FMEA-MSR における分析対象(focus element)は、診断能力を有する構成要素(部品)、例えば ECU(電子制御装置)となります。

ECU が障害(fault)／故障(failure)を検出できない場合は、故障モードが発生し、それに対応する程度の影響度で最終結果につながります。一方、ECU が故障を検出できる場合は、元の故障の影響に比べ影響度が低い故障影響のシステムの応答となります(図 4.4、図 4.9 参照)。

このように、設計 FMEA とプロセス FMEA が製品の設計段階および製造段階で、故障のリスク(顧客への影響度 S、発生度 O および検出力 D)を低減する活動であるのに対して、FMEA-MSR は、自動車の操作中の故障のリスク(顧客への影響度 S、発生頻度 F および監視度 M)を低減する活動です。FMEA-MSR におけるリスクの要素、すなわち、顧客への影響度(S)、障害(故障原因)の発生頻度(F)、および故障影響を制御(回避)できる可能性(監視度、

M)を図4.10に示します。ここで、FとMの組合せは、障害(fault、故障原因)およびその結果としての機能不全(故障モード)による故障影響の推定発生確率となります。

FMEA-MSR開発の背景を図4.11に示します。車載用電子部品、とりわけECU(ソフトウェア搭載)内蔵電子部品の増加、ECUによる故障原因(fault)検出の可能性、自動車の機能安全規格ISO 26262の制定などを経て、FMEA-MSRの登場となります。

FMEA-MSRの概要を図4.13に、FMEA-MSRとISO 26262の機能安全との関係を図4.14に示します。

要素	内容
顧客への影響度(S)	・危害、法規制不適合、機能の喪失・低下、許容できない品質の厳しさ
障害(故障原因)の発生頻度(F)	・運用状況から推定される故障原因の発生頻度
故障影響を制御(回避)できる可能性(監視度、M)	・次の2つの可能性の組合せ －診断検出および自動応答による故障影響を制御(回避)するための技術的な可能性 －人の知覚および身体的反応によって、故障影響を制御(回避)できる可能性

図4.10　FMEA-MSRにおけるリスクの要素

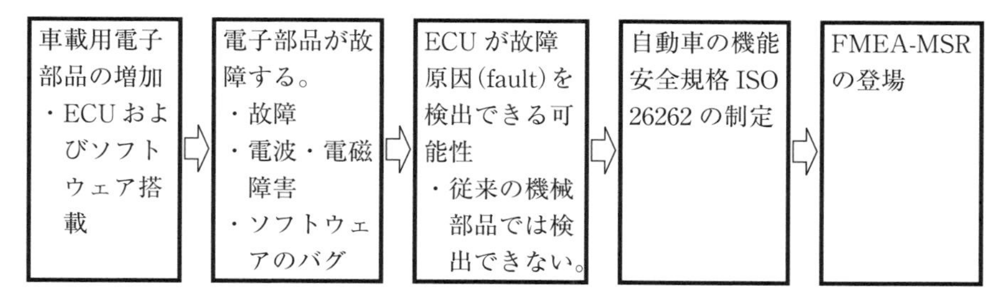

図4.11　FMEA-MSR開発の背景

FMEA-MSRは、安全な、または法規制順守の状態を達成し維持するための、診断・論理・動作メカニズムの能力の証拠を提供します。特に、障害処理時間間隔(フォールトハンドリング時間間隔、FHTI)および障害耐性時間間隔(フォールトトレラント時間間隔、FTTI)内の適切な故障低減能力があります。

顧客運用中の障害(fault)／故障(failure)の検出は、運用状態の低下(縮退)への切替え(車両の停止を含む)、運転者への通知、または整備のための制御装置への故障コード(DTC、diagnostic trouble code)の書込みによって、元の故障影響を制御(回避)するために使用できます。

FMEA-MSRは、自動車の機能安全規格ISO 26262に対応して開発されました。FMEA-MSRとISO 26262の用語の関係を図4.12に示します。ISO 26262におけるハザード分析およびリスク評価(HARA、hazard analysis and risk assessment)は、安全関連機能に関する安全目標を提供します。なお、ISO 26262については、第5章で詳しく説明します。

また、リスク低減策を識別するために使用され、誤動作の許容可能な残存リスク(residual risk)を確実にするために適用される、自動車安全度水準(ASIL、automotive safety integrity level)を割り当てています。

機能安全コンセプト(FSC、functional safety concept)は、安全目標が設計によって確実に満たされるための要求事項を定義しています。ISO 26262では、誤動作の潜在的な原因を特定する方法として、FMEAを参照しています。FMEA-MSRは、機能安全を維持する上で診断監視とシステム応答の有効性を分析することによって、設計FMEAを補完するために使用されます。

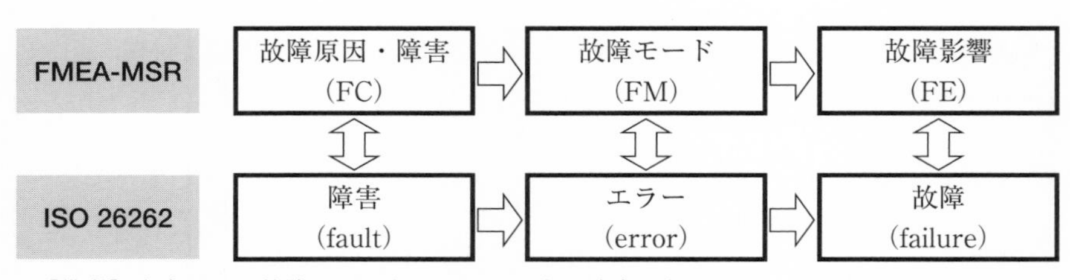

［備考］本書では、故障原因である“fault”を“障害”と訳している。

図4.12　FMEA-MSRとISO 26262の用語の関係

項　目	実施事項
FMEA-MSR とは	①　FMEA-MSR(監視およびシステム応答の補足 FMEA、supplemental FMEA for monitoring & system response)では、顧客運用(customer operation)下で発生する可能性のある故障原因が、システム、車両、人、および法規制順守への影響の観点から分析される。顧客運用には、エンドユーザーの運転中の操作や自動車の整備などがある。 ②　FMEA-MSR では、故障原因または故障モードがシステムによって検出されるか、または故障影響が運転者によって検出されるかどうかを考慮する。これは、安全性または法規制順守の維持のために必要な場合に適用される。
FMEA-MSR に含まれるリスク要素	①　FMEA-MSR には、以下のリスク要素が含まれる。 a)影響度(S、severity)：危害、法規制順守違反、機能の喪失または低下、および許容できない顧客への影響 b)発生頻度(F、frequency)：運用状況から推定される故障原因の頻度 c)監視度(M、monitoring)：診断検出および自動応答による故障影響を回避または制限するための技術的可能性と、人の知覚および反応による故障影響を回避または制限できる可能性との組合せ ②　F(発生頻度)と M(監視度)の組合せは、障害(fault、故障原因)およびその結果として生じる機能不全の動作(故障モード)による、故障影響の推定発生確率である。
FMEA-MSR の役割	①　FMEA-MSR は、安全な、または法規制順守の状態を達成し維持するための、診断・論理・動作メカニズムの能力の証拠を提供する。特に、障害処理時間間隔(FHTI)および耐障害時間間隔(FTTI)内の適切な故障低減能力 ②　顧客運用中の障害(fault)／故障(failure)の検出は、運用状態の低下(縮退)への切替え(車両の停止を含む)、運転者への通知、または整備のための制御ユニットへの故障コード(DTC、diagnostic trouble code)の書込みによって、元の故障影響を回避するために使用できる。
故障のシナリオ	①　FMEA-MSR における分析の焦点は、診断能力を有する構成要素(部品)、例えば ECU(電子制御装置)となる。 ②　ECU が障害／故障を検出できない場合は、故障モードが発生し、それに対応する程度の最終的な影響に至る。 ③　ECU が故障を検出できる場合は、元の故障影響に比べて程度の低い故障影響のシステム応答となる。

図 4.13　FMEA-MSR の概要

項　目	実施事項
FMEA-MSRとISO 26262機能安全との関連	①　ISO 26262におけるハザード分析およびリスク評価(HARA、hazard analysis and risk assessment)は、安全関連機能に関する安全目標を提供する。 ②　また、リスク低減策を識別するために使用される、自動車安全度水準(ASIL、automotive safety integrity level)を割り当てている。 ③　機能安全コンセプト(FSC、functional safety concept)は、安全目標が設計によって確実に満たされるための要求事項を定義している。 ④　ISO 26262では、誤動作の潜在的な原因を特定する方法として、FMEAを参照している。FMEA-MSRは、機能安全を維持する上で診断監視とシステム応答の有効性を分析することによって、設計FMEAを補完するために使用される。
FMEA-MSRの発生頻度(F)とISO 26262の暴露(E)との関連	①　FMEA-MSRの発生頻度(F)は、運用状況での故障の発生度を表す。 ②　ISO 26262の暴露(E、exposure)は、運用状況の期間または発生頻度を示す。 ③　FとEの2つの測定基準は関連しているが、同等ではない。
FMEA-MSRの発生頻度(F)とISO 26262のfit率の関連	①　FMEA-MSRの発生頻度(F)は、運用状況で考慮される故障事例が発生する頻度の定性的な推定値である。 ②　ISO 26262の故障率(フィット、fit、10^{-9}／時間)は、特定の試験条件へのコンポーネントの暴露にもとづいて、電気電子部品の測定された信頼性の定量的評価値である。
FMEA-MSRの監視度(M)とISO 26262の診断率の関連	①　FMEA-MSRの監視度(モニタリング、M、monitoring)は、人またはシステムが特定の原因(障害、fault、または故障、failure)を検出する能力を表す。そして、障害耐性時間間隔(FTTI、fault tolerant time interval)内に検出された障害または故障に対応する。 ②　ISO 26262の診断率(ダイアグカバレッジ)は、システムが可能性のあるすべての障害の割合を検出し、障害耐性時間間隔(FTTI)内で障害に反応する能力を表す。
FMEA-MSRの故障とISO 26262の障害／エラー／故障との関連	①　FMEA-MSRの故障原因は、ISO 26262の障害(fault)と同等である。FMEA-MSRの故障モードは、ISO 26262の“エラー(error)”と同等である。 ②　FMEA-MSRの故障影響は、ISO 26262の“故障(failure)”と同等である。

図4.14　FMEA-MSRとISO 26262機能安全との関係

4.2 FMEA-MSR 実施のステップ

FMEA-MSR も、図 1.11(p.17)に示した、7 ステップアプローチで実施します。FMEA-MSR 実施のフローを図 4.15 に、FMEA-MSR の様式の例を図 4.16 に、FMEA-MSR 各ステップの目的を図 4.17 に、FMEA-MSR の各ステップに含まれる項目の内容を図 4.18 に示します。

FMEA-MSR では、ステップ 1(計画と準備)、ステップ 2(構造分析)、ステップ 3(機能分析)およびステップ 4(故障分析)は、設計 FMEA と同様に行います(第 2 章参照)。

ステップ 5(リスク分析)では、市場における故障原因の発生頻度と、故障原因が発生したときに、ECU(電子制御装置)で検出して処置をとり(監視)、リスク低減の処置を取るべきかどうかを評価します。

ステップ 6(最適化)では、リスク低減の処置を計画して実施します。

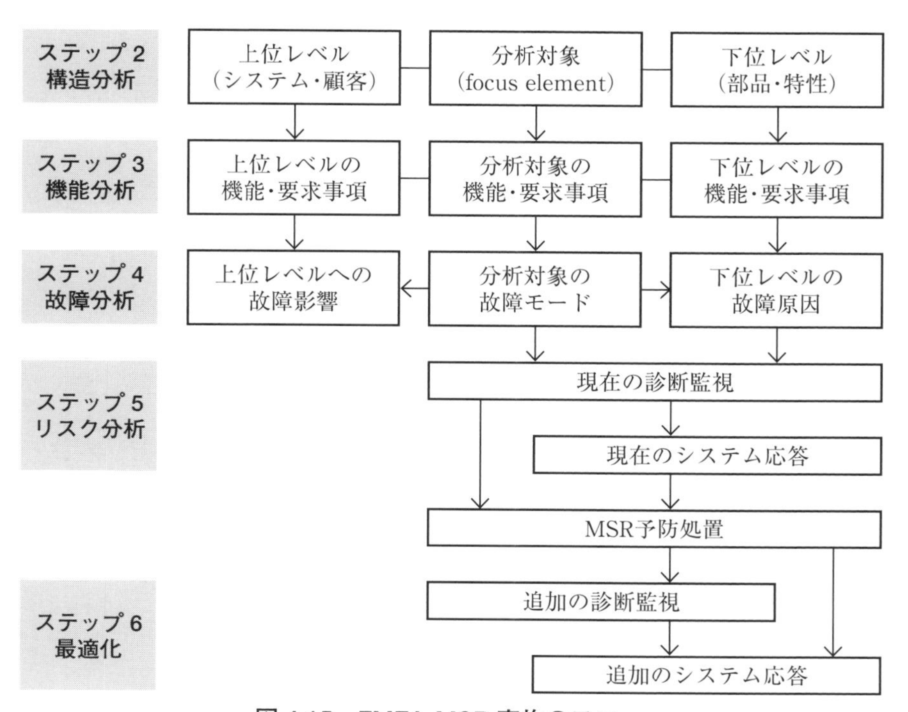

図 4.15　FMEA-MSR 実施のフロー

計画と準備（ステップ1）		
組織名： 技術部門の場所： 顧客名または製品ファミリ： モデル年／プログラム：	件名（FMEA-MSRプロジェクト名）： FMEA-MSR 開始日： FMEA-MSR改訂日： 部門横断チーム：	FMEA-MSR ID番号： 設計責任（FMEA-MSRオーナーの名前）： 機密性レベル：

注1		構造分析（ステップ2）			機能分析（ステップ3）			故障分析（ステップ4）（注4）			
注2	番号	上位レベル	分析対象 focus element	下位レベル	上位レベルの機能・要求事項	分析対象の機能・要求事項	下位レベルの機能・要求事項	上位レベルの故障影響 FE	FEの影響度S	分析対象の故障モード FM	下位レベルの故障原因 FC
	1										
	2										
	⋮										

DFMEA リスク分析（ステップ5）							DFMEA 最適化（ステップ6）										
番号	FCに対する現在の予防管理 PC	FCの発生度O	FC/FMに対する現在の検出管理 DC	FC／FMの検出度D	処置優先度AP	＊	追加の予防処置	追加の検出処置	責任者	完了予定日	処置状態	処置内容と証拠	完了日	影響度S	発生度O	検出度D	処置優先度AP
1																	
2																	
⋮																	

FMEA-MSR リスク分析（ステップ5）											FMEA-MSR 最適化（ステップ6）														
番号	発生頻度の根拠	FCの発生頻度F	現在の診断監視	現在のシステム応答	監視度M	システム応答後の最も大きな故障影響	MSR後のS 注3	故障分析後のS 注4	処置優先度AP	＊	MSR予防処置	追加の診断監視	追加のシステム応答	システム応答後の最も大きな故障影響	MSR後のS 注3	責任者の名前	完了予定日	処置状態	処置内容と証拠	完了日	発生頻度F	監視度M	故障分析後のS 注4	処置優先度AP	備考
1																									
2																									
⋮																									

［備考］　注1：継続的改善、　注2：履歴／変更承認（該当する場合）、注3：MSR後のFEの影響度、注4：故障分析（ステップ4）後の元のFEの影響度、＊：フィルターコード（オプション）

図 4.16　FMEA-MSR の様式の例

ステップ	項　目	目的と実施事項
ステップ 1 計画と準備	プロジェクトの定義	・プロジェクトの定義 ・プロジェクト計画の作成：5T を考慮 ・分析の境界の明確化 ・対象となる基礎 FMEA の明確化
ステップ 2 構造分析	分析対象の明確化	・FMEA-MSR 分析範囲の明確化 ・構造ツリー(またはブロック図／境界図など)の作成 ・設計インタフェースの明確化 ・顧客とサプライヤーの共同作業(インタフェース)
ステップ 3 機能分析	機能・要求事項の明確化	・機能と機能間の関係の明確化 ・機能ツリー／機能ネットまたはパラメータ図(P 図) ・関連する要求事項を含む顧客機能のつながり ・機能への要求事項または特性の関連付け ・技術チーム間の連携(システム、安全性、部品)
ステップ 4 故障分析	故障チェーンの明確化	・故障チェーンの確立：潜在的故障原因、監視、システム応答、低減された故障影響 ・パラメータ図や故障ネットワークを用いた製品故障原因の明確化 ・顧客とサプライヤーの共同作業(故障影響)
ステップ 5 リスク分析	現在の管理方法の明確化とリスク評価	・既存または計画されている管理方法の明確化とランク評価 ・故障原因への予防管理の割当て ・故障原因または故障モードへの検出管理の明確化 ・各故障チェーンに対する影響度、発生頻度および監視度の評価 ・処置優先度の評価 ・顧客とサプライヤーの共同作業(影響度)
ステップ 6 最適化	リスク低減処置の明確化と実施	・リスクを低減し安全性を改善する処置を開発する。 ・市場での故障原因の発生の可能性を低減するより信頼性の高い部品を導入すること、またはシステムの検出能力を向上させる追加の監視を導入することによって改善を達成することができる。 ・監視機能の導入は設計変更と似ている。 ・故障原因の発生頻度は変わらない。 ・冗長性(リダンダンシー)の導入：故障影響を排除することも可能 ・最適化は次の順序で行うと最も効果的である。 　－故障原因(FC)の発生頻度(F)低減のための設計変更 　－故障原因(FC)または故障モード(FM)の監視度(M)向上処置
ステップ 7 結果の文書化	分析結果と結論の文書化と伝達	・FMEA 活動の結果と結論の文書化と伝達 ・実施した処置の有効性の確認と処置後のランク評価などの処置の記録 ・組織内や、(必要に応じて)顧客とサプライヤー間で、リスク低減処置内容の伝達 ・リスク分析および許容レベルまでのリスク低減の記録

図 4.17　FMEA-MSR 各ステップの目的

ステップ	項　目	内　容
ステップ 2 構造分析	上位レベル	・システム、サブシステム、サブシステムの集合、車両
	分析対象(focus element)	・サブシステム、部品、インタフェース名
	下位レベル	・部品、特性、インタフェース名
ステップ 3 機能分析	上位レベルの機能・要求事項	・車両、システムまたはサブシステムの機能・要求事項または意図されたアウトプット
	分析対象の機能・要求事項	・サブシステム、部品またはインタフェースの機能・要求事項または意図されたアウトプット
	下位レベルの機能・要求事項	・部品またはインタフェースの機能または特性
ステップ 4 故障分析	上位レベルの故障影響(FE)	・車両、システム、サブシステムが、上位レベルで要求されている機能を実行できない(失敗する)可能性がある方法
	FE の影響度(S)	・影響度(S)評価基準に従って評価
	分析対象の故障モード(FM)	・分析対象が要求機能を実行できず、故障影響につながる可能性がある方法
	下位レベルの故障原因(FC)	・サブシステム、部品またはインタフェースが、下位レベルの機能を実行できず、故障モードになる可能性がある方法
FMEA-MSR ステップ 5 リスク分析	発生頻度の根拠	・発生頻度評価の理由に関するコメント
	FC の発生頻度(F)	・発生頻度(F)評価基準に従って評価
	現在の診断監視	・車両使用中の障害検出方法
	現在のシステム応答	・車両使用中の診断監視結果に対する応答動作
	監視度(M)	・監視度(M)評価基準に従って評価
	システム応答後の最も大きな故障影響	・監視後のエンドユーザーレベルへの潜在的影響およびシステム応答管理が実施されている。
	MSR 後の FE の影響度(S)	・影響度(S)評価基準に従って評価
	故障分析後の FE の影響度(S)	・ステップ 4 故障分析後の FE の影響度
	処置優先度(AP)	・処置優先度(AP)評価基準に従って評価
	フィルターコード＊	・仕様への適合のためにプロセス管理が必要な特性
FMEA-MSR ステップ 6 最適化	MSR 予防処置	・発生頻度を減らすために必要な追加の予防処置
	追加の診断監視処置	・車両使用中の追加の障害検出方法
	追加のシステム応答	・車両使用中の診断監視結果に対する追加の応答動作
	システム応答後の最も大きな故障影響	・監視・システム応答後のエンドユーザーレベルに対する、潜在的な影響
	MSR 後の影響度(S)	・影響度(S)評価基準に従って評価
	責任者	・役職や部署ではなく名前
	完了予定日	・年月日
	処置状態	・未決定、決定保留、実施保留、完了、処置なし
	処置内容と証拠	・取られた処置の記述と文書番号、報告書の名称と日付など
	完了日	・年月日
	FC の発生頻度(F)	・発生頻度(F)評価基準に従って評価
	処置後の監視度(M)	・監視度(M)評価基準に従って評価
	故障分析後の FE の影響度(S)	・ステップ 4 故障分析後の FE の影響度
	処置優先度(AP)	・処置優先度(AP)評価基準に従って評価
	備考	・FMEA-MSR チーム使用欄

［備考］ DFMEA のステップ 5 ～ステップ 6 も実施。ステップ 2 ～ 4 は DFMEA と同じ。
＊：オプション

図 4.18　FMEA-MSR 様式の各項目の内容

4.3 FMEA-MSR の実施

FMEA-MSR では、自動車の電子制御システムが対象となります。FMEA-MSR は、動作中の故障の監視および応答メカニズムを統合したシステムを調べるために使用されます。

FMEA-MSR は、電子制御システムが、故障(failure)の原因である障害(fault)の発生を監視(モニタリング、monitoring)し、障害が発生した場合に検知して、大きな故障影響(事故)が起こらないように応答(response)するものです。

例えば、図 4.22(p.120)の電動スライドドアシステムでは、電動ドアに挟まれそうになった場合に、電動ドアに挟まれそうになったことを監視・検出して、ドアの動きを止めるとか、手動に切り替えて、ドアに挟まれて怪我をするのを防止するようにします。

電子制御システムは、図 4.19(先に示した図 4.7(p.107)と同じ)に示すように、センサー(sensor)、電子制御装置(ECU)およびアクチュエータ(actuator)で構成されます。センサーで、温度、圧力、車速などの必要な情報を受け取り、ECU で種々の情報から必要な処置を決定し、アクチュエータを働かせて、エンジン、ブレーキ、エアバッグなどの、必要な装置や部品を動作させます。そのようなシステムにおける診断と監視は、ハードウェアとソフトウェアを通して達成することができます。

FMEA-MSR も設計 FMEA と同様、図 1.11(p.17)に示した 7 ステップで進めます。図 2.9(p.49)に示した構造ツリー作成の手順に従って、設計 FMEA と同様、各種の構造ツリーを作成して、各ステップを実施します。

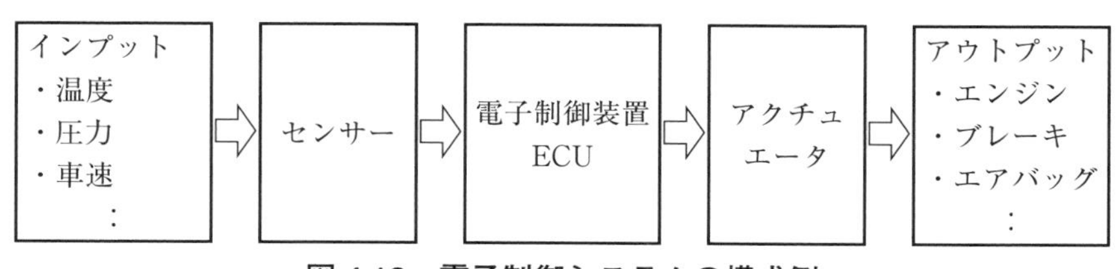

図 4.19 電子制御システムの構成例

項　目	実施事項
FMEA-MSR プロジェクトを特定する際の確認事項	①　FMEA-MSR プロジェクトと境界を明確にするための確認事項： ・ハザード分析およびリスクアセスメント(HARA) ・法規制要求事項、技術的要求事項 ・顧客の要望／ニーズ／期待(外部・内部顧客) ・要求仕様、図面(ブロック図／境界図／システム図) ・概略図、図面、3D モデル ・部品表(BOM)、リスクアセスメント ・類似製品の FMEA-MSR
FMEA-MSR の境界を特定する際の確認事項	①　FMEA-MSR の境界を明確化する際の確認事項の例： ・電気／電子／プログラマブル電子システムに関する設計 FMEA を完了した後、人に有害な影響を及ぼしたり、法規制不適合を招く可能性のある影響はあるか？ ・設計 FMEA は、危害または法規制不適合の原因となる原因を直接検知およびもっともらしいアルゴリズムによって検出できるか？ ・設計 FMEA は、検出されたすべての原因に対する意図されたシステムの応答が、運用状況の低下(縮退)への切り替え(車両の停止を含む)、運転者への通知、および整備目的のための制御装置への故障コード(DTC、diagnostic trouble codes)の書き込みを行ったか？
FMEA-MSR の対象	①　FMEA-MSR は、運用中の障害監視および応答メカニズムを統合した、システムを調査するために利用される。 ②　このシステムは、一般的にセンサー、電子制御装置(ECU)およびアクチュエータで構成される。 ③　そのようなシステムにおける診断・監視機能は、ハードウェアおよびソフトウェアを通して実現することができる。
FMEA-MSR の範囲	①　適用基準には、次のものがある。 ・システム安全関連 ・ISO 規格、すなわち ISO 26262 に準拠した安全目標 ・関連法規制。例：UN / ECE 規則、FMVSS / CMVSS、NHTSA、および車載故障診断装置(OBD)要求事項適合
FMEA-MSR プロジェクト計画の作成	①　FMEA-MSR の実行計画(プロジェクト計画)を作成する。 ②　プロジェクト計画に 7 ステップアプローチを取り入れる。 ③　計画作成は、5T メソッド(inTent、timing、team、task、tool)を考慮する。

図 4.20　FMEA-MSR の実施ーステップ 1：計画と準備

［ステップ 1（計画と準備）］

ステップ 1（計画と準備）では、まず FMEA-MSR の対象とするプロジェクト（製品）を明確にします。

FMEA-MSR のステップ 1 における実施事項を図 4.20 に示します。

なお、FMEA-MSR のヘッダーについては、図 4.16（p.114）の FMEA-MSR 様式、および図 2.7（p.48）の設計 FMEA のヘッダーの例を参照ください。

［ステップ 2（構造分析）］

FMEA-MSR のステップ 2 からステップ 4 までは、設計 FMEA と同じです。FMEA-MSR のステップ 2 における実施事項を図 4.21 に示します。

システム構造明確化のためのツールとしてブロック図／境界図や、構造分析構造ツリーなどを作成します（図 4.22、図 4.23 参照）。

項　目	実施事項
FMEA-MSR における構造分析	①　FMEA-MSR では、構造分析構造ツリーの分析対象は車両レベル、すなわちシステム全体を分析する OEM、またはシステムレベルで分析するサプライヤーのサブシステムまたはコンポーネントとなる。 ②　そのようなシステムにおける診断および監視は、ハードウェア要素とソフトウェア要素によって構成されている。 ③　センサー、ECU およびアクチュエータが構成要素となる。 ④　ECU の機能の 1 つは、コネクタを介して信号を受信することである。しかし、これらの信号は欠落しているか誤っている可能性がある。監視しないと、誤った出力が表示される。 ⑤　ECU の別の機能は、信号を送信すること、すなわちコネクタを介して行われる。しかし、これらの信号も欠落しているか誤っている可能性がある。または、“出力なし”または“故障情報”であるかも知れない。 ⑥　誤った信号の原因は、技術者または組織の責任の範囲外の部品にある可能性がある。 ⑦　これらの誤った信号は、技術者または組織の責任の範囲内にある部品のパフォーマンスに影響を与える可能性がある。 ⑧　FMEA-MSR 分析には、そのような原因を含めることが必要である。

図 4.21　FMEA-MSR の実施－ステップ 2：構造分析

構造分析様式は、設計 FMEA と同様、分析対象、上位レベル(システム)および下位レベル(部品・特性)の3つの部分からなります。このうち、“電動ドアに挟まれそうになった”ということが故障チェーンにおけるメインテーマで、これが分析の中心となります。FMEA-MSR では、ECU が分析対象ということになります。上位レベルは分析範囲内で最も範囲の広いレベル、下位レベルは分析対象の下位レベルの要素です。

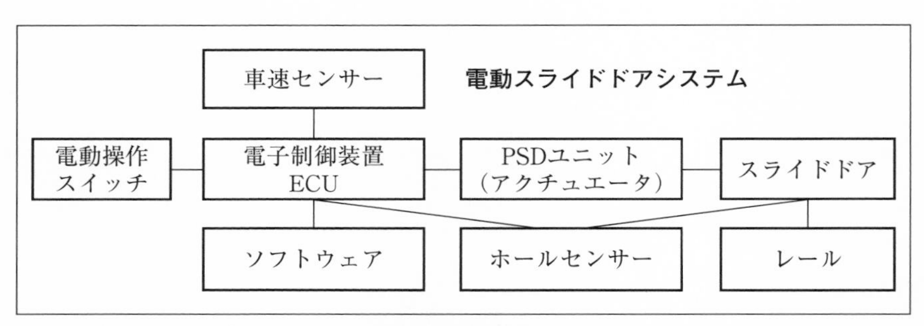

図 4.22　ブロック図／境界図の例(電動スライドドアシステム)

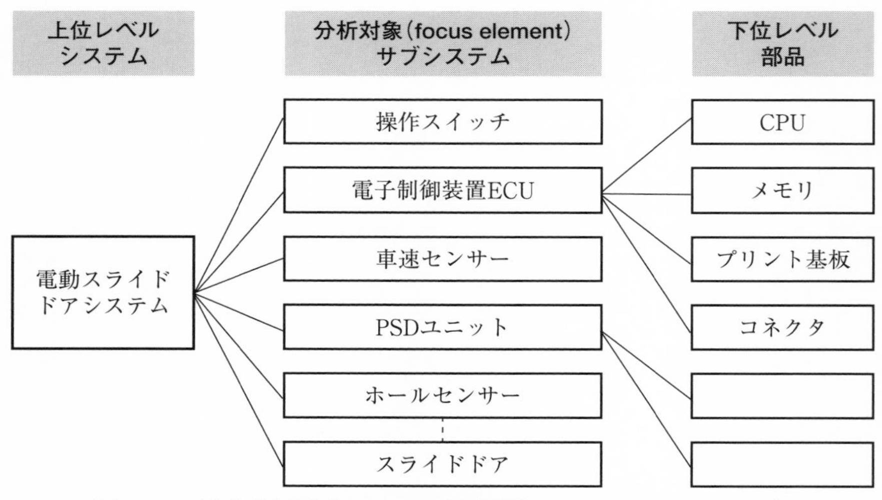

図 4.23　構造分析構造ツリーの例(電動スライドドアシステム)

［ステップ 3（機能分析）］

FMEA-MSR のステップ 3 における実施事項を図 4.24 に示します。

ステップ 3（機能分析）では、ステップ 2（構造分析）で明確にした各要素の機能（要求事項、期待すること）を明確にします。

FMEA-MSR では、故障検出と故障応答の監視（モニタリング）が機能と見なされます。ハードウェアとソフトウェア機能は、システム状態の監視を含みます。

FMEA-MSR では、障害と故障を区別する必要があります。障害（fault）は、分析対象を、本来の機能や状態から逸脱させることにつながる異常な状態（故障の原因、きっかけ）をいい、故障（failure）は、分析対象が、本来の機能や性能を逸脱した状態（結果）をいいます。

項　目	実施事項
FMEA-MSR における機能分析	①　FMEA-MSR では、故障検出および故障応答の監視は機能と見なされる。 ②　ハードウェア機能およびソフトウェア機能は、システム状態の監視を含む。 ③　障害／故障の監視および検出のための機能には、範囲外検出、冗長検査、妥当性検査およびシーケンスカウンタ検査などがある。 ④　故障応答機能には、例えば、デフォールト値の提供、リンプホームモードへの切り替え、該当する機能の停止、または警告表示などがある。 ⑤　そのような機能は、これらの機能を搭載する構造要素、すなわちスマートセンサーのような計算能力を有する ECU または構成要素としてモデル化される。 ⑥　さらに、ECU によって受信されるセンサー信号が考慮され得る。したがって、信号機能も説明することができる。 ⑦　最後に、アクチュエータの機能を追加することができ、アクチュエータまたは車両の応答方を記述する。 ⑧　性能要求事項は、安全または法規制順守状態の維持であると見なされる。 ⑨　要求事項の履行は、リスク評価を通じて評価される。

図 4.24　FMEA-MSR の実施－ステップ 3：機能分析

［ステップ 4(故障分析)］

ステップ 4 (故障分析)では、ステップ 2 で明確にした分析対象に対して、どのような故障モードの故障が起こる可能性(潜在的故障)があるか、もしその故障が起こったときに、上位レベル(顧客)にどのような影響があるか、故障の原因(下位レベル)は何かを検討します。

項　目	実施事項
故障モード	①　故障モードは、障害(fault、故障原因)の結果である。 ②　FMEA-MSR では、次の 2 つの可能性が考えられる。 a) 障害は検出されない。 b) 障害が検出され、システムの応答によって故障影響が低減される。 ③　上記② b) の場合、診断監視およびシステム応答が FMEA-MSR 分析に追加される。この特定の可能性における故障チェーンは、障害／故障と意図された動作からなり、ハイブリッド故障チェーンまたはハイブリッド故障ネットと呼ばれる。
故障原因	①　故障原因の明確化は、FMEA-MSA の故障分析の出発点となる。 ②　故障原因は発生したと見なされるが、真の故障原因(根本原因)ではない。真の故障原因は電気的／電子的な障害である。 ③　根本原因は、外部環境、車両運動性、摩耗、サービス、ストレスサイクル、および誤った信号状態などのさまざまな要因にさらされたときの、不十分な頑強性(ロバスト性)などである。 ④　故障の原因は、設計 FMEA、電気電子部品の故障に関する資料およびネットワーク通信データ記述から導き出すことができる。 ⑤　FMEA-MSR では、診断監視は意図したとおりに機能すると想定されている。しかし、次のように効果がない場合がある。 a) 障害の検出に失敗 b) 障害の誤検出 c) 信頼性の低い障害応答(応答能力のばらつき)
故障影響	①　故障影響は、故障モードの結果として定義される。 ②　FMEA-MSR における故障影響は、システムの誤動作または故障原因の検出後の意図された動作のいずれかである。 ③　最終的な影響は、“危険”または“不適合な状態”、あるいは検出およびタイムリーなシステム応答の場合は、機能の損失または低下を伴う“安全な状態”または“順守の状態”であり得る。

図 4.25　FMEA-MSR の実施ーステップ 4：故障分析

FMEA-MSR のステップ 4 における実施事項を図 4.25 に示します。

設計 FMEA と FMEA-MSR との関係を表す、ハイブリッド故障チェーンモデルを図 4.5(p.106)に、FMEA-MSR における故障発生のケースを図 4.26 に示します。発生した故障原因を監視して検出し、障害耐性時間間隔(FTTI)内に監視とシステム応答を行うことによって、顧客への故障影響を低減させることができます。障害耐性時間間隔(FTTI)は、障害発生後この時間内に応答すれば、事故にならないことを意味します。障害の発生を監視・検出し、システムとして応答するフローを図 4.2(p.105)および図 4.9(p.108)に示します。

図 4.27 は故障の各種のケースについて表しています。ケース 1 は、危険でない故障影響の場合で、障害が発生し、機能不全(故障モード)になり、故障影響が発生したが、影響度が高くないため(S ＝ 1 〜 9)、故障影響として危険事象が発生しなことを表しています。

またケース 2 は、危険な故障影響の発生の場合で、障害が発生し、機能不全(故障モード)になり、障害耐性時間間隔(FTTI)内に監視・システム応答が行われなかったために、故障影響として危険事象が発生した(S ＝ 10)ことを表しています。

そしてケース 3 は、危険度が低減された故障影響の場合で、障害が発生し、

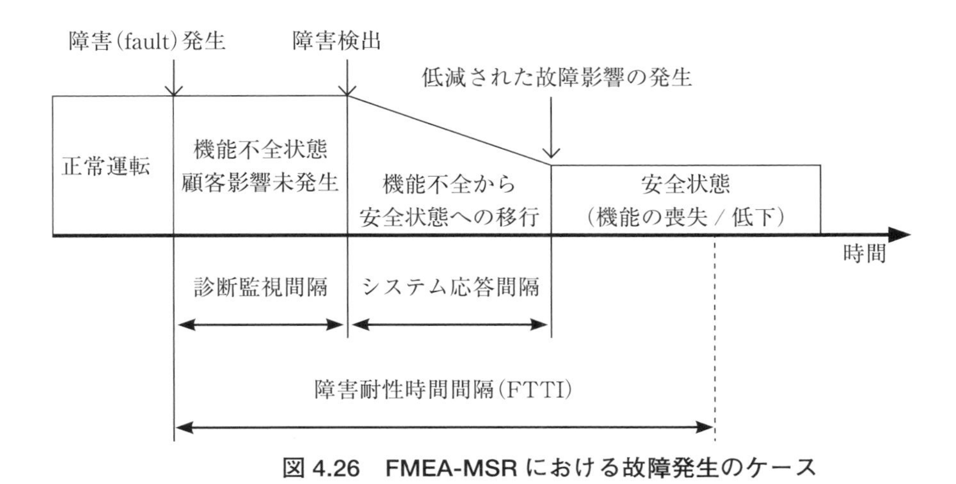

図 4.26 FMEA-MSR における故障発生のケース

機能不全(故障モード)になったが、障害処理時間間隔(FHTI)内に監視・システム応答が行われことにより、発生した故障影響は低減されたものとなり、危険事象の発生がなかった(ただし機能の喪失または低下はある)ことを表しています。

［ケース 1］危険でない故障影響

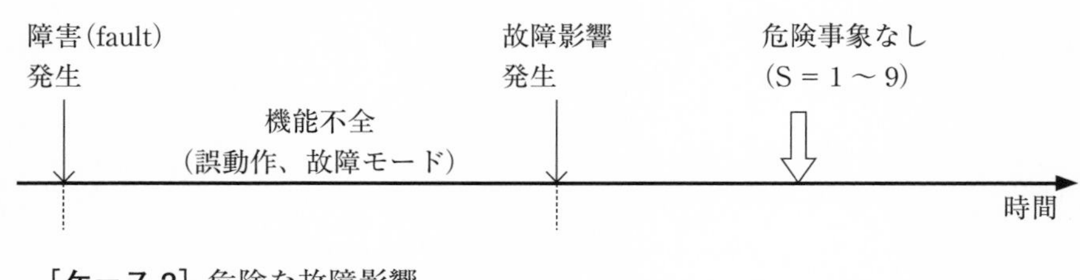

［ケース 2］危険な故障影響

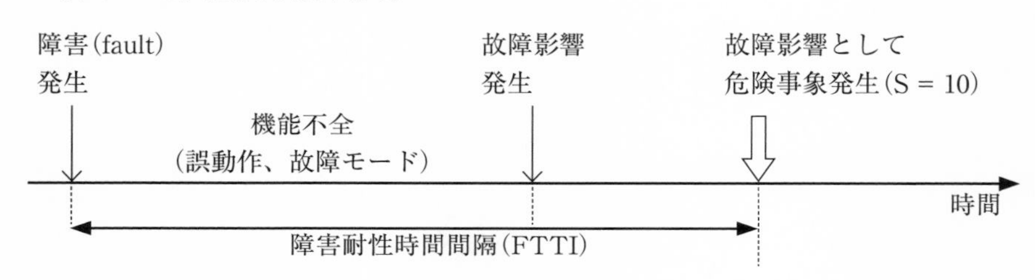

［ケース 3］危険度が低減された故障影響

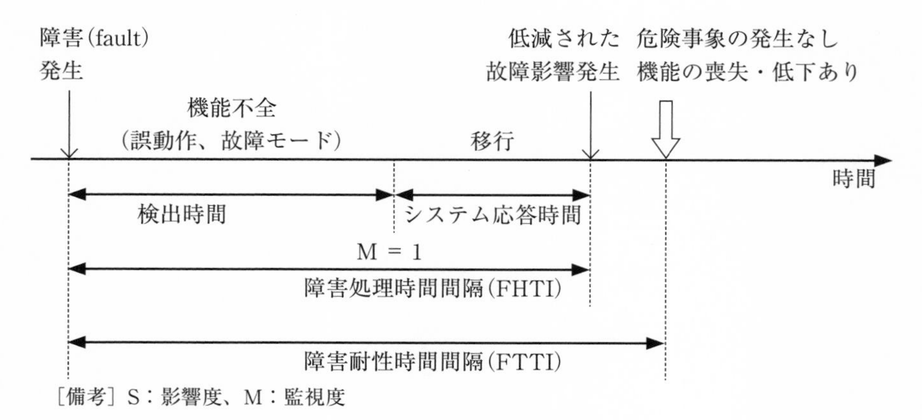

［備考］S：影響度、M：監視度

図 4.27　故障の各種ケース

図4.28は、前にも述べた電動スライドドアシステムにおける、故障チェーン構造の例を示します。

(a)の場合は、電動ドアに挟まれそうになったことがセンサーで感知されないため、適切な処置がとれず挟まれてしまいますが、(b)の場合は、電動ドアに挟まれそうになったことがセンサーで感知され、適切な処置がとられるため、挟まれて怪我をすることには至りません。

[ステップ5(リスク分析)]

FMEA-MSRのステップ5における実施事項を図4.29に示します。

FMEA-MSR実施のステップ5(リスク分析)とステップ6(最適化)は、設計FMEAとは異なります。ステップ5では、電子制御装置(ECU)が、故障の原因である障害の発生を監視し、障害が発生した場合に検知して、大きな故障(事故)が起こらないように応答します。そのために、障害の発生頻度(F、frequency)と監視度(M、monitoring)を評価し、処置優先度(AP、action priority)を決定します(図4.35～図4.39、pp.132～134参照)。

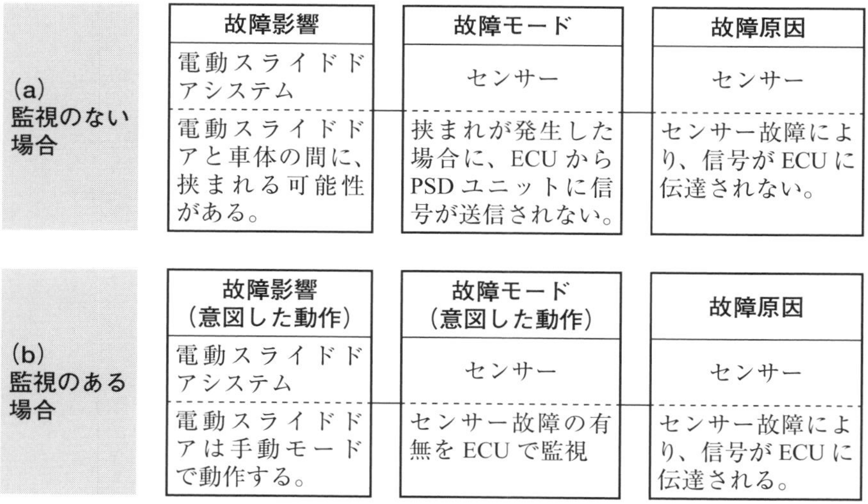

	故障影響	故障モード	故障原因
(a) 監視のない場合	電動スライドドアシステム	センサー	センサー
	電動スライドドアと車体の間に、挟まれる可能性がある。	挟まれが発生した場合に、ECUからPSDユニットに信号が送信されない。	センサー故障により、信号がECUに伝達されない。

	故障影響(意図した動作)	故障モード(意図した動作)	故障原因
(b) 監視のある場合	電動スライドドアシステム	センサー	センサー
	電動スライドドアは手動モードで動作する。	センサー故障の有無をECUで監視	センサー故障により、信号がECUに伝達される。

図4.28　故障チェーン構造の例(電動スライドドアシステム)

項　目	実施事項
リスク評価項目	①　故障モード、故障原因および故障影響の関係(故障チェーンまたはハイブリッドネットワーク)は、次の 3 基準によって評価される。 ・影響度(S)：故障影響の影響度を表す。 ・発生頻度(F)：(車両の意図された耐用期間内の)ある運用状況における故障原因の発生頻度を表す。 ・監視度(M)：診断監視機能の検出度を表す(故障原因、故障モードおよび故障影響の検出)。
影響度(S)	①　影響度(S、severity)は、分析対象の機能の特定の故障モードに対する最も重大な(厳しい)影響度の、故障影響に関連する指標であり、設計 FMEA と FMEA-MSR で同じである。 ②　影響度は、影響度評価表の基準にもとづいて評価する。
発生頻度評価基準の根拠	①　FMEA-MSR では、耐用期間中に顧客の運用条件下で、市場で故障が発生する可能性が関連する。論理的根拠の例： ・設計 FMEA およびプロセス FMEA の結果にもとづく評価 ・返品・不合格品の市場データ、顧客のクレーム ・補償データベース、データハンドブック
発生頻度(F)	①　発生頻度(F、frequency)は、発生頻度評価表の基準を使用して、車両またはシステムの意図された耐用期間中に、関連する運用状況で故障原因が発生する可能性を示す。 ②　故障原因が必ずしも関連する故障影響につながるわけではない場合、関連する運転条件にさらされる可能性を考慮することができる。そのような場合には、運用状況とその論理的根拠を、“発生頻度の論理的根拠”欄に記載する。 ③　市場データから、制御装置がどれくらいの頻繁で(ppm / 年)、欠陥になるかがわかる。
現在の診断監視	①　計画されているかまたはすでに実施されていて、システムまたは運転者による故障原因、故障モードまたは故障影響の検出をもたらすすべての管理が、“現在の診断監視”欄に記載される。 ②　さらに、検出後の障害応答、すなわちデフォールト値(初期値)を記載する。 ③　診断監視は、ハザードが発生したり法規制不適合な状態になる前に、初期の故障影響を低減できるように、故障原因、故障モード、または故障影響を十分に早く検出できる可能性を評価する。 ④　その結果故障影響は、より低い影響度の最終状態となる。

図 4.29　FMEA-MSR の実施ーステップ 5：リスク分析(1/2)

項　目	実施事項
監視度(M)	①　監視度(M、monitoring)は、顧客運用中の障害／故障を検出し、安全または法規制順守状態を維持するために、障害への応答を適用する能力の指標である。 ②　診断検出および自動応答による、故障影響を回避または制限するための技術的な可能性と、人間の知覚および身体的反応によって、故障影響を回避または制限できるという可能性の組合せ ③　監視度評価基準は、障害／故障を検出するための、センサー、ECU、および人間の感覚的知覚の組合せた能力に関連している。そして、機械的作動および物理的反応(制御性)によって車両の挙動を修正する応答処置をとる。 ④　安全または法規制順守状態を維持するためには、危険または法規制不適合の影響が発生する前に、障害検出および応答処置を行う必要がある。 ⑤　監視度(M)は、監視度評価表の基準を用いて、影響度や発生頻度に関係なく決定される。 ⑥　診断監視および応答の有効性、障害処理時間間隔(FHTI)および障害耐性時間間隔(FTTI)は、ランク付け前に決定する必要がある。
処置優先度(AP)	①　処置優先度(AP)は、影響度(S)、発生頻度(F)、監視度(M)を考慮して、改善処置の必要性の優先順位づけを行う方法である。 ②　処置優先度が、高および中での影響度 9-10 の潜在的な故障影響は、実行された処置を含めて、管理者が確認する。 ③　AP は、高／中／低リスクの優先順位づけではなく、リスクを低減するための処置の必要性の優先順位づけである。

図 4.29　FMEA-MSR の実施ーステップ 5：リスク分析(2/2)

図 4.30 のケース 1 は、障害／故障の監視機能がない場合、または障害耐性時間間隔(FTTI)内に監視・応答が行われておらず、監視を無効と評価する必要がある場合で(M ＝ 10)、故障影響は元のレベル(S ＝ 10)であることを表しています。

ケース 2 は、障害／故障に対する信頼性の高い診断監視が行われている場合で(M ＝ 1)、故障モードに対して診断監視およびシステム応答が行われているため、故障影響は低減されたもの(S ＝ 6)になることを表しています。この場合、元の故障影響は実質的に排除され、低減された故障影響が、製品またはシステムのリスク推定に関連します。また、低減された故障影響(FE)が処置優先度の評価に関連し、元の故障影響は関連しません。

そしてケース 3 は、信頼性の劣る障害／故障監視の場合、すなわち障害／故障に対する診断監視が部分的に有効な場合、例えば診断監視が故障を検出する比率が 90% の場合で(M = 6)、ほとんどの故障モードに対して診断監視およびシステム応答が行われるため、故障影響は低減されたもの(S = 6)になります。しかし、監視度(M)は M = 1 ではなく、M = 6 であるため、最も重大な故障影響は S = 10 のままであることを表しています。

［ケース 1］障害／故障の監視が実施されていない場合

［ケース 2］障害／故障に対する信頼性の高い診断監視が行われている場合

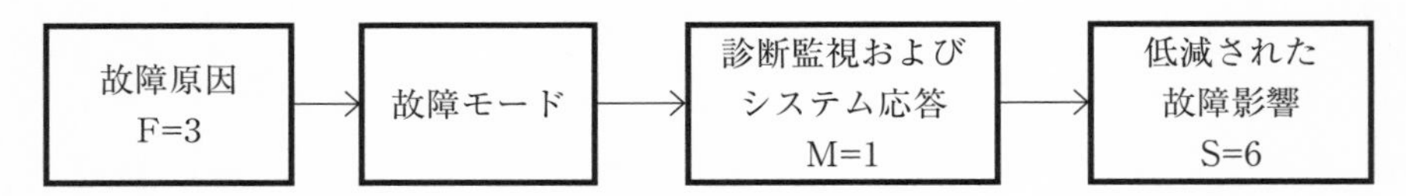

［ケース 3］障害／故障に対する診断監視が部分的に有効な場合

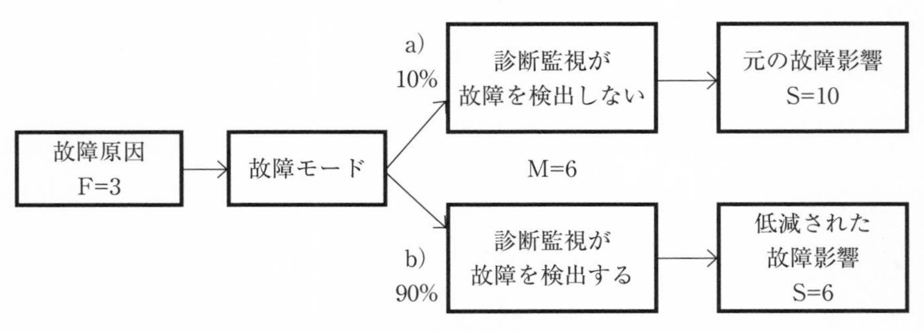

図 4.30　障害／故障の監視応答と故障影響

［ステップ 6(最適化)］

ステップ 6 (最適化)では、追加の予防処置と診断監視処置を計画して実施し、処置後の処置優先度(AP)を評価します。FMEA チームが、それ以上の処置は不要であると判断した場合は、リスク分析が完了したことを示すために、“これ以上の処置は必要ない”と備考欄に記載します(図 4.31 参照)。

項目	実施事項
処置状態	① 処置状態の区分は次のとおり： ・未決定：処置の内容がまだ決まっていない。 ・決定保留中：処置内容は計画されたが決定されていない。 ・実施保留中：処置内容は決定されたが実施されていない。 ・完了：処置が実行され完了し、その有効性が実証され、最終評価が行われ、文書化された。 ・処置なし：処置は実施しないことが決定された。 －これは、実用限界および技術的限界を超えた場合にあり得る。 ② “処置なし”の場合、故障のリスクは製品設計に繰り越される。 ③ 製造開始(SOP、start of production)リリース前に、すべての処置を終了する。
処置の有効性の評価	① 処置が完了すると、発生頻度と監視度のランクが再評価され、新たな処置優先度が決定される。新たな処置には、有効性の予測として暫定的な処置優先順位づけが行われる。ただし、有効性が検証されるまで、処置の状態は“実施保留”のままとなる。 ② 検証が完了した後、有効性が示されている場合は、暫定ランクを正式なものとするかまたは修正する必要がある。その後、処置の状況は“実施保留”から“完了”に変更される。 ③ 再評価は、実施された MSR 予防処置および診断的監視処置の有効性にもとづくべきであり、新たなランクの値は、FMEA-MSR の発生頻度および監視度評価表の定義にもとづく。
継続的改善	① FMEA-MSR は、設計の履歴記録として機能する。 ② したがって、処置がとられた後も、元の影響度、発生頻度、および監視度(S ／ F ／ M)のランクは変更されない。 ③ 完了した分析は、設計上の決定と改良の進行状況を把握するための情報の宝庫となる。 ④ ただし、元の S ／ F ／ M のランク値は、基礎、ファミリ、または一般の設計 FMEA のために変更される場合がある。

図 4.31 FMEA-MSR の実施－ステップ 6：最適化

順序	目的	実施事項
①	故障影響(FE)の排除・低減、すなわち影響度(S)の低減	設計変更
②	故障原因(FC)の発生頻度(F)の低減	追加の予防処置 (例：構成部品の設計変更)
③	故障原因(FC)／故障モード(FM)の監視度(M)の向上	追加の診断監視・システム応答処置

図 4.32　FMEA-MSR 最適化の順序

項　目	実施事項
ステップ7における実施事項	①　FMEA 解析結果と結論を FMEA レポートとして文書化する。 ②　FMEA レポートの内容を組織内に伝達する。 ・必要な場合は顧客およびサプライヤーにも ③　FMEA レポートは、設計 FMEA チームが各タスクの完了を確認するための要約となる。 ・FMEA レポートは、組織内または組織間のコミュニケーションのために使用される。

図 4.33　設計 FMEA の実施ーステップ7：結果の文書化

なお FMEA-MSR の最適化は、図 4.32 に示す順序で行うと効果的です。

[ステップ7(結果の文書化)]

FMEA-MSR のステップ7における実施事項を図 4.33、図 4.34 に示します。

ステップ7（結果の文書化)では、FMEA 解析の結果と結論を文書化し、組織内に(要求されている場合は顧客にも、また必要な場合はサプライヤーにも)伝達します。FMEA-MSA 報告書の様式は、組織が決めるとよいでしょう。

報告書様式の例については、図 2.29(p.64)を参照ください。

4.4　FMEA-MSR の評価基準

FMEA の評価基準として、影響度(S)、発生頻度(F)、監視度(M)および処置優先度(AP)をそれぞれ図 4.35～図 4.39 に示します。影響度(S)の評価基準は、

項 目	実施事項
FMEA-MSR 報告書の内容	① プロジェクト計画で定められた当初の目標と比較した最終的な状況－5T(FMEA の意図、FMEA のタイミング、FMEA チーム、FMEA のタスク、FMEA ツール)の明確化 ② 分析範囲および新規事項の明確化 ③ 機能の開発過程の要約 ④ チームによって決定された、高リスクの故障の要約と、組織で決めた S ／ F ／ M 評価表、および処置優先度の基準(処置優先度表など)の要約 ⑤ リスクの高い故障に対処するために取られた、または計画されている処置の要約 ⑥ 進行中の処置の計画 ・オープン(未完了)な処置を完了させるためのコミットメントとタイミング ・量産中の FMEA-MSR の見直し ・基礎 FMEA-MSR の見直し(該当する場合)

図 4.34 FMEA-MSR 報告書の内容

設計 FMEA と同じです。

発生頻度(F)の評価基準は、設計 FMEA では故障(failure)または故障原因の発生頻度であるのに対して、FMEA-MSR では、故障原因(障害、fault)の発生頻度です。また、設計 FMEA では、製品のリリース(出荷、引渡し)前の発生頻度であるのに対して、FMEA-MSR では、市場での発生頻度です。

監視度(M)の評価基準は、障害／故障が発生したときの、障害処理時間中の、システム、運転者、乗客、またはサービス技術者による検出と応答の可能性です。監視(モニタリング、monitoring)というと、一般的には監視のみを意味しますが、FMEA-MSR の監視度は、図 4.37 の評価表を見ればわかるように、監視の程度だけでなく、その後のシステム応答の程度まで含まれています。

4.5 FMEA-MSR の実施例

FMEA-MSR の実施例を図 4.40(p.135)に示します。

<table>
<tr><th>S</th><th colspan="2">影響度(severity)の基準</th><th>注</th></tr>
<tr><td>10</td><td colspan="2">車両または他の車両の安全な運転に影響する。
車両の運転者／同乗者の健康、道路の利用者／歩行者の健康に影響する。</td><td></td></tr>
<tr><td>9</td><td colspan="2">法規制違反となる。</td><td></td></tr>
<tr><td>8</td><td rowspan="2">(車両の耐用期間内の通常運転に必要な)
車両の主要機能の</td><td>喪失</td><td></td></tr>
<tr><td>7</td><td>低下</td><td></td></tr>
<tr><td>6</td><td rowspan="2">車両の二次機能の</td><td>喪失</td><td></td></tr>
<tr><td>5</td><td>低下</td><td></td></tr>
<tr><td>4</td><td>非常に</td><td rowspan="3">不快な外観、騒音、振動、
乗り心地、または触覚</td><td></td></tr>
<tr><td>3</td><td>やや</td><td></td></tr>
<tr><td>2</td><td>少し</td><td></td></tr>
<tr><td>1</td><td colspan="2">認識できる影響はない。</td><td></td></tr>
</table>

［注］ユーザー記入欄。組織または製品ラインの基準を記載(他の評価基準表も同様)

図 4.35　FMEA-MSR 評価基準－影響度(S)

<table>
<tr><th>F</th><th colspan="3">発生頻度(frequency)の基準</th><th></th></tr>
<tr><td>10</td><td colspan="3">故障原因の発生頻度は、不明または、車両の意図された耐用期間内に許容できないほど高いことがわかっている。</td><td></td></tr>
<tr><td>9</td><td rowspan="9">故障原因は、
車両の意図
された耐用
期間内に、</td><td colspan="2">発生する可能性が高い。</td><td></td></tr>
<tr><td>8</td><td colspan="2">市場でしばしば発生する可能性がある。</td><td></td></tr>
<tr><td>7</td><td colspan="2">市場でときどき発生する可能性がある。</td><td></td></tr>
<tr><td>6</td><td colspan="2">市場でときには発生する可能性がある。</td><td></td></tr>
<tr><td>5</td><td colspan="2">市場でたまに発生する可能性がある。</td><td></td></tr>
<tr><td>4</td><td>市場ではほとんど発生しないと予測される。</td><td>市場で少なくとも 10 回の発生が予測される。</td><td></td></tr>
<tr><td>3</td><td>市場での特殊なケースで発生すると予測される。</td><td>市場で少なくとも 1 回の発生が予測される。</td><td></td></tr>
<tr><td>2</td><td colspan="2">類似製品の予防管理、検出管理および市場での経験にもとづいて、市場で発生しないという証拠はない。</td><td></td></tr>
<tr><td>1</td><td colspan="2">故障原因が発生し得ないという証拠があり、論理的根拠が文書化されている。</td><td></td></tr>
</table>

図 4.36　FMEA-MSR 評価基準－発生頻度(F)

<table>
<tr><th rowspan="2">M</th><th colspan="8">監視度（monitoring）の基準</th><th rowspan="2"></th></tr>
<tr><th colspan="5">診断監視（diagnostic monitoring）／知覚（sensory perception）の基準</th><th colspan="3">システム応答（system response）／人の応答（human reaction）の基準</th></tr>
<tr><td>10</td><td colspan="5">障害（fault）／故障（failure）は、システム、運転者、同乗者またはサービス技術者によって、まったく検出できないか、またはFTTI内に検出できない。</td><td colspan="3">FTTI内の応答がない。</td><td></td></tr>
<tr><td>9</td><td colspan="2">障害／故障は、関連する運用条件でほとんど検出されない。</td><td colspan="2" rowspan="3">有効性が低い、ばらつきが大きい、または不確実性が高い監視管理</td><td>最小限の診断率</td><td rowspan="3">システム／運転者による障害／故障に対する応答処置は、FTTI内に、</td><td colspan="2">確実には取られない可能性がある。</td><td></td></tr>
<tr><td>8</td><td colspan="2">障害／故障は、関連する運用状況において、ほぼ検出できない。</td><td>診断率<60%</td><td colspan="2">常に取られるとは限らない。</td><td></td></tr>
<tr><td>7</td><td colspan="2">障害／故障は、システム／運転者によって、FTTI内に、検出される可能性は低い。</td><td>診断率>60%</td><td colspan="2">取られる可能性は低い。</td><td></td></tr>
<tr><td>6</td><td colspan="4">障害／故障は、起動中にのみ、システム／運転者によって自動的に検出され、検出時間は中程度に変動する。</td><td>診断率>90%</td><td rowspan="3">自動化システム／運転者は、</td><td>多くの運用条件</td><td rowspan="3">において、検出された障害／故障に応答することができる。</td><td></td></tr>
<tr><td>5</td><td rowspan="4">障害／故障は、FTTI内に、</td><td rowspan="2">検出時間の中程度のばらつきで、システムで自動的に検出されるか、</td><td>または非常に多くの動作条件で、</td><td rowspan="2">運転者によって検出される。</td><td>診断率90～97%</td><td>非常に多くの運用条件</td><td></td></tr>
<tr><td>4</td><td>またはほとんどの動作条件で、</td><td>診断率>97%</td><td>FTTI内に、ほとんどの運用状態</td><td></td></tr>
<tr><td>3</td><td rowspan="2">検出時間の変動が非常に少なく、</td><td>高い確率で、</td><td rowspan="2">システムによって自動的に検出される。</td><td>診断率>99%</td><td rowspan="2">FTTI内に検出された障害／故障に対して、システム応答時間の変動が非常に少なく、</td><td colspan="2">ほとんどの動作条件において、高い確率で自動的に応答する。</td><td></td></tr>
<tr><td>2</td><td>非常に高い確率で、</td><td>診断率>99.9%</td><td colspan="2">非常に高い確率で自動的に応答する。</td><td></td></tr>
<tr><td>1</td><td colspan="4">障害／故障は常にシステムによって自動的に検出される。</td><td>診断率>99.9%</td><td colspan="3">システムは、FTTI内に検出された障害／故障に対して、常に自動的に応答する。</td><td></td></tr>
</table>

［備考］FTTI：障害耐性時間間隔（fault tolerant time interval）

図 4.37　FMEA-MSR 評価基準ー監視度（M）

全体の運転(操作)時間に対する、実際の運転(操作)時間の割合	発生頻度(F)を下げることができる程度
<10%	1
<1%	2

図4.38　FMEA-MSR評価基準－発生頻度(F)の補足

S(影響度)	F(発生頻度)	M(監視度)						
		10-9	8-7	6	5	4	3-2	1
10	10-5	H	H	H	H	H	H	H
	4	H	H	H	H	H	H	M
	3	H	H	H	H	H	M	L
	2	M	M	M	M	M	L	L
	1	L	L	L	L	L	L	L
9	10-4	H	H	H	H	H	H	H
	3-2	H	H	H	H	H	H	L
	1	L	L	L	L	L	L	L
8-7	10-6	H	H	H	H	H	H	H
	5	H	H	H	H	M	M	M
	4	H	H	M	M	M	L	L
	3	H	M	L	L	L	L	L
	2	M	M	L	L	L	L	L
	1	L	L	L	L	L	L	L
6-4	10-7	H	H	H	H	H	H	H
	6-5	H	H	H	M	M	M	M
	4-2	M	M	L	L	L	L	L
	1	L	L	L	L	L	L	L
3-2	10-7	H	H	H	H	H	H	H
	6-5	M	M	L	L	L	L	L
	4-1	L	L	L	L	L	L	L
1	10-1	L	L	L	L	L	L	L

［備考］H：高(high)、M：中(medium)、L：低(low)

図4.39　FMEA-MSRの処置優先度(AP)

	構造分析（ステップ 2）		
	上位レベル	分析対象	下位レベル
1-1	電動スライドドアシステム	電子制御装置 ECU	CPU
1-2			メモリ
			⋮
2-1		ホールセンサー	ホールセンサー
2-2			コネクタ

	機能分析（ステップ 3）		
	上位レベルの 機能・要求事項	分析対象の 機能・要求事項	下位レベルの 機能・要求事項
2-1	電動スライドドアシステムに挟まれ防止機能を提供する。	挟まれが発生した場合、ECU から PSD ユニットに、停止する信号を送信する。	ホールセンサーから ECU に信号を送信する。

	故障分析（ステップ 4）			
	上位レベルの 故障影響 FE	S	分析対象の 故障モード FM	下位レベルの 故障原因 FC
2-1	電動スライドドアと車体の間に、挟まれる可能性がある。	10	挟まれが発生した場合に、ECU から PSD ユニットに信号が送信されない。	ホールセンサー故障により、信号が ECU に伝達されない。

	FMEA-MSR リスク分析（ステップ 5）								
	発生頻度の根拠	F	現在の診断監視	現在のシステム応答	M	システム応答後の最も大きな故障影響	MSR 後の S	故障分析後の S	AP
2-1	ホールセンサー故障率は確認されている。	2	なし	電動スライドドア機能無効	10	電動スライドドアは手動モードで動作する。	10	10	M

	FMEA-MSR 最適化（ステップ 6）								
	MSR 予防処置	追加の診断監視	追加のシステム応答	システム応答後の最も大きな故障の影響	MSR 後の S	処置後の F	処置後の M	故障分析後の S	AP
2-1	なし	ホールセンサー故障の有無を ECU で監視	電動スライドドア機能を無効にする。	電動スライドドアと車体の間に、挟まれる。	10	2	3	10	L

図 4.40　FMEA-MSR の実施例（電動スライドドアシステム）

第5章

ISO 26262

この章では、自動車の機能安全規格 ISO 26262 の概要について、AIAG & VDA FMEA ハンドブックにおいて新しく開発された、FMEA-MSR（監視およびシステム応答の補足 FMEA）と関係する事項を中心に説明します。

FMEA-MSR は、自動車の機能安全規格 ISO 26262 にもとづいているため、FMEA-MSR を理解するためには、この章をあわせて参照ください。

この章の項目は、次のようになります。

5.1　機能安全の基礎

5.2　ISO 26262 の概要

5.1　機能安全の基礎

5.1.1　ISO 26262 制定の経緯

(1)　機能安全と ISO 26262

機能安全(functional safety)とは、安全対策によって、許容できないリスクから免れるための技術のことをいいます。発生し得る危険な事象に対して、安全度水準(SIL、safety integrity level)と呼ばれる安全達成目標(safety goal)を定め、そのレベルに応じて、必要な安全対策を実施します。

項　目	実施事項
機能安全とは	①　機能安全(functional safety)とは、安全対策によって、許容できないリスクから免れるための技術のことである。
機能安全における安全確保のアプローチ	①　発生し得る危険な事象に対して、安全度水準(SIL、safety integrity level)と呼ばれる、安全達成目標(safety goal)を定め、そのレベルに応じて必要な安全対策を実施する。
ISO 26262 とは	①　ISO 26262 は、自動車の電気電子システム(ソフトウェアを含む)に対する機能安全規格である。 ②　ISO 26262 の目的は“安全”の確保であり、そのためには、ISO 26262 の直接的な対象となる電気電子システムに限らず、システムを構成する他の要素も含めた安全性の考慮が必要となる。 ③　ISO 26262 では、安全度水準を ASIL(automotive safety integrity level)と呼ぶ。

図 5.1　機能安全と ISO 26262

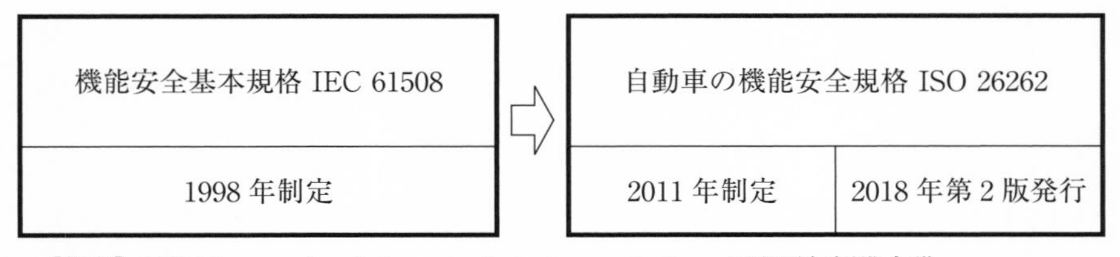

［備考］IEC：international electrotechnical commission、国際電気標準会議
ISO：international organization for standardization、国際標準化機構

図 5.2　ISO 26262 規格制定の経緯

機能安全の基本規格としてIEC 61508が1998年に制定され、それを受けて自動車用の機能安全規格ISO 26262が2011年に制定され、その第2版が2018年に発行されました。

ISO 26262は自動車の機能安全規格で、自動車の電気電子システム(すなわちコンピュータ内蔵のシステムでソフトウェアを含む)が、ISO 26262の基本的な対象となります。ISO 26262では、安全目標を自動車安全度水準(ASIL、automotive safety integrity level)と呼びます(図5.1、図5.2参照)。

ISO 26262への対応の必要性は、主として訴訟リスクの回避、市場ニーズへの対応および法規制化の可能性の3つの観点から求められています(図5.3参照)。

(2) ISO 26262における安全のアプローチ

ものは壊れることがあります。また人はときどき間違いを起こします。しかし事故が起こっては困ります。そこで登場したのが、機能安全という考え方です(図5.4、図5.5参照)。

項　目	実施事項
訴訟リスクの回避	① ISO 26262が国際規格として発行されたことによって、これが世の中の安全基準の1つとなった。 ② ISO 26262そのものは、現時点では法規制ではないため、この規格の不順守自体が違法とはならないが、後述の“state of the art”の考え方にもとづいて、ISO 26262の対応が“現実的に達成可能、もしくは達成すべき水準”として位置づけられることによって、ISO 26262に未対応の自動車が重大事故を起こした場合に、訴訟リスクが高まる。
市場ニーズへの対応	① 電子技術の発展、自動車電子機器の増加と複雑化、およびコンピュータ内蔵電子部品(ソフトウェアを含む)の増加を受けて、自動車の安全性確保の市場ニーズはますます高まると考えられ、システムの安全規格の必要性が高まっている。
法規化の可能性	① 今後欧州指令などにおいて、ISO 26262の要求事項を含んだ法規制が施行される可能性がある。

図5.3 ISO 26262規格制定の背景と必要性

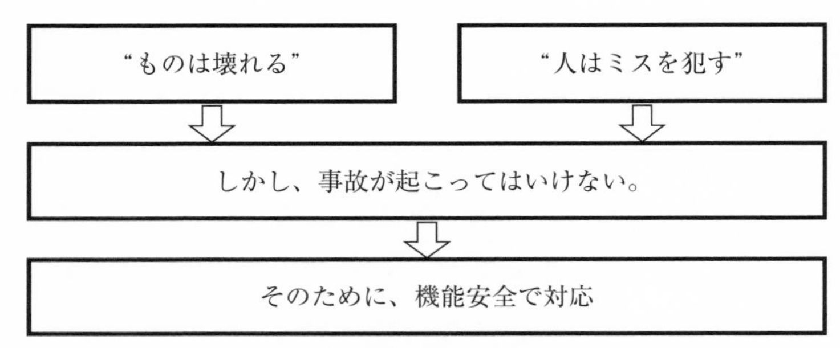

図 5.4　機能安全の考え方

項　目	実施事項
1) “ものは壊れる”という観点に立ったアプローチ	①　製品の故障や誤動作によって安全性を損なわないための機能や対策を設計に織り込む。 ②　そのために次の事項を行う。 ・対象製品の故障や誤動作に起因して発生するハザード(hazard、危害になり得る潜在的な原因)を明確にし、達成すべき安全目標として ASIL(自動車安全度水準)を定める。 ・安全目標を達成するための“安全コンセプト(安全概念、safety concept)”をまとめ、それにもとづいた安全の作り込みを行う。 ・ASIL レベルに応じて、製品の構成(アーキテクチャー)、開発手法、検証・妥当性確認の方法、故障率低減などの対策をとる。
2) “人はミスを犯す”という観点に立ったアプローチ	①　人が犯したミスや、それによる不具合を見つけ出すための、対策を仕組みに織り込む。 ②　そのために次の事項を行う。 ・プロジェクト管理、要件管理、構成管理、品質保証など、組織としての標準プロセスの構築や、プロジェクトの特性にあわせたテーラリング(tailoring、個別標準の作成)や、継続的なプロセス改善を行う。 ・組織としての安全管理、品質管理、人材管理などを行う。 ・開発を外部に委託する場合には、供給者の管理を確実に行う。

図 5.5　安全に関する 2 つのアプローチ

5.1.2 安全の基本アプローチ

(1) 機能安全の考え方

信頼性と安全性の違いについて、図 5.6 ～図 5.9 に示します。

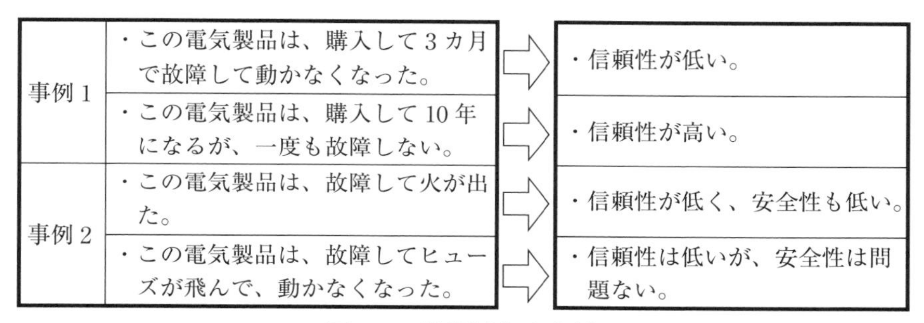

図 5.6 信頼性と安全性

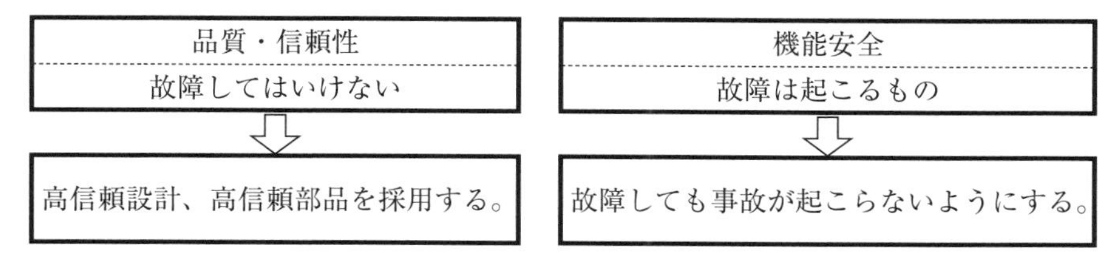

図 5.7 品質・信頼性と機能安全

区　分	例
信頼性を上げるには	①　故障しない高品質な部品を使用する。 ・“障害回避、フォールトアボイダンス、fault avoidance” ②　故障しても事故にならないように他の部品で補う(二重系)。 ・“障害耐性、フォールトトレランス、fault torerance”
安全性を上げるには	②　故障が発生しても、常に安全になるように(事故にならないように)設計する。 ・“フェールセーフ、fale safe”

図 5.8 信頼性、安全性を上げるには

用　語	定　義
信頼性 reliability	・アイテム(item、機能安全を実現する対象)が、与えられた条件下で、与えられた期間、要求事項を遂行できる能力
ディペンダビリティ dependability (広義の信頼性)	・使用者が、製品を信頼し、その信頼に依存(ディペンド、depend)できること ・すなわち、故障しても、修理、補修、部品交換などにより信頼性を維持する能力
安全 safety	・人への危害または資機材の損傷の危険性が、許容可能な水準に抑えられている状態
安全性 safety	・規定された条件のもとで、人の生命、健康、財産またはその環境を危険にさらす状態にならない期待の度合い

図 5.9　用語：信頼性と安全性

用　語	規格等	定　義
安全 safety	一般的な定義	・物事が損傷したり、危害を受けたりする恐れのないこと
	ISO/IEC Guide 51 の定義	・許容できないリスクがないこと freedom from unacceptable risk
	ISO 26262 の定義	・不合理なリスクが存在しないこと absence of unreasonable risk

図 5.10　用語：安全

(2)　安全とリスクの定義

[安全の定義]

国際規格における安全の定義は、一般的な安全の定義とは少し異なります。一般的には安全は、事故が絶対に発生しないというようにとらえられていますが、安全に関する国際規格では、安全はリスクがまったく存在しないということではなく、対象となるリスクが安心して受け入れられる程度に抑えられた状態ととらえられています。そして安全規格の目的は、安心して受け入れられる程度までリスクを抑制することです(図 5.10、図 5.11 参照)。

<table>
<tr><th>項　目</th><th>実施事項</th><th></th></tr>
<tr><td>製品の安全性</td><td>①　製品の動作が、ユーザーに危害をもたらすことのない度合い</td><td rowspan="2"></td></tr>
<tr><td>事後安全</td><td>①　事故が発生した後に事故原因を調査し、再発防止のための対策を実施する。</td></tr>
<tr><td>事前安全</td><td>①　ハザード（hazard、危害になり得る潜在的な原因）および危害発生機構を想定し、事故の発生以前に安全確保のための対策を検討して実施する。</td><td rowspan="3">機能安全の考え方の基本</td></tr>
<tr><td>事前安全計画</td><td>①　次の事項を考慮した事前安全計画を作成する。
・対象範囲の特定
・ハザードの特定
・ハザード抑制処置の検討
・危害発生機構の定性的解析
・危害発生機構の定量的解析・評価</td></tr>
<tr><td>システム安全</td><td>①　安全技術とマネジメントを統合的に適用する手法の体系
②　人間の誤使用や機械の故障などが生じても、安全を確保するためには、製品のライフサイクルにおいて、危険につながる原因を事前に洗い出し、その影響を解析・評価して、適切な対策を施す。
・ライフサイクル（life cycle）：製品の企画・設計から生産、運用・サービス・廃棄に至るまで</td></tr>
</table>

図 5.11　機能安全の考え方

［キャロットダイアグラム］

図 5.12 の逆三角形は、上部の幅の広い側はリスクが大きく危険な状態、下部の幅の狭い側はリスクが小さく安全な状態を示しており、リスク管理の分野においてキャロットダイアグラム（carrot diagram、人参の図）と呼ばれている概念図です。安全とは、安心して受け入れられる程度までリスクを抑えた状態であることと述べましたが、このリスクとは、どの程度まで抑えられれば受け入れられるのでしょうか。本項では、ISO/IEC Guide 51（安全設計の基本概念、JIS Z 8051）にもとづくリスクの考え方について説明しましょう。

[許容可能なリスク]

ISO/IEC Guidc 51における許容可能なリスクの定義は、“社会における現時点での評価にもとづいた状況下で受け入れられるリスク”です。すなわち、同じ程度のリスクでも、その対象の利便性や費用対効果や、その時代や地域における安全に対する価値観などのバランスによって、許容可能な範囲が異なります(図5.13参照)。

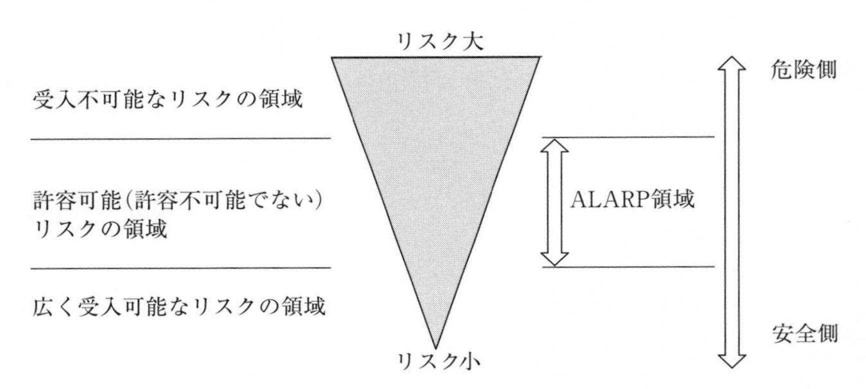

[備考]　ALARP：as low as reasonably practicable(合理的に実施可能なレベルまでリスクを下げること)

図5.12　キャロットダイアグラムとALARP

項　目	実施事項
許容可能なリスク	①　社会における現時点での評価にもとづいた状況下で受け入れられるリスク ②　同じ程度のリスクでも、その対象の利便性や費用対効果や、その時代や地域における安全に対する価値観などによって、許容可能な範囲が異なる。

図5.13　用語：許容可能なりリスク

［state of the art］

ISO 26262において、“state of the art”（ステートオブザアート）という言葉がよく使われます。“state of the art”は、一般的には“最新技術や最高技術”と訳されることが多いですが、安全の分野においては、“最大限の努力によって実現し得る最良の技術や対策によって安全性を確保すべきレベル”という意味で使われます。安全のためにはいくらコストがかかっても実現しなければならない、最新・最高の安全技術を導入するべきということではありません。メーカーは、適切な価格を維持できる現実的な範囲における最大限の努力によって、製品の安全性を確保する責任を持ちます。ISO 26262では、“state of the art”を“安全の責任を果たすために必要な最低ライン”という意味でとらえています(図5.14参照)。なお、“state of the art”と、第2章および第3章のFMEAにおけるベストプラクティス(best practice)は、ほぼ同義語と考えてよいでしょう。

［ALARPとは］

受け入れられるリスクの程度を考慮する上で、ALARPという考え方が重要な意味を持ちます。ALARP(as low as reasonably practicable)とは、合理的に実施可能なレベルまでリスクを下げるという考え方です(図5.14参照)。

IEC 61508では、許容可能なリスクの領域をALARPの領域ととらえ、この領域内へのリスクの低減を目指しています(図5.16参照)。

区　分		内　容
state of the art	一般的な訳	・最新技術、最高技術
	ISO 26262における意味	・メーカーは、適切な価格を維持できる現実的な範囲における最大限の努力によって、製品の安全性を確保する責任を持つ。 ・すなわち、安全の責任を果たすために必要な最低ラインのこと
ALARP		・as low as reasonably practicable ・合理的に実施可能なレベルまでリスクを下げること

図5.14　用語：“state of the art”とALARP

[リスクの定義]

ISO/IEC Guide 51において、リスクは図5.15に示すように定義されています。

危害の発生確率およびリスクの程度の双方とも大きい場合は、受入不可能なリスクの領域、危害の発生確率が著しく低い場合は、受入可能なリスクの領域、そしてその間の領域が許容可能なリスクの領域として表現されます。

項　目	内　容	
ISO/IEC Guide 51におけるリスクの定義	①　危害の発生確率およびその危害の程度の組合せ	
リスクの区分	①　危害の発生確率およびリスクの程度の双方とも大きい場合	受入不可能なリスクの領域
	②　危害の発生確率が著しく低い場合	リスクの程度に関わらず、受入可能なリスクの領域
	③　①と②の間の領域	許容可能なリスクの領域

図5.15　用語：リスク

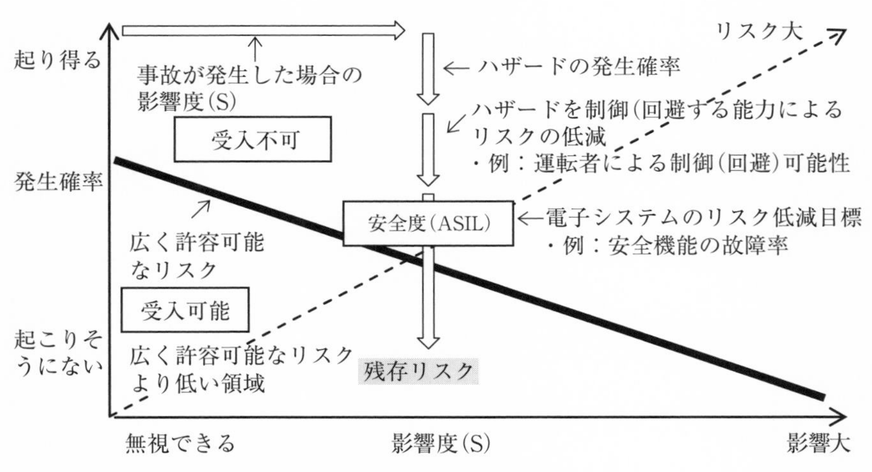

図5.16　自動車のリスクモデル

5.1.3 機能安全規格

(1) 機能安全とは

機能安全基本規格 IEC 61508 と、自動車の機能安全規格 ISO 26262 の位置づけを図 5.17 に示します。ISO 26262 の対象は、自動車の電気電子システムの機能不全に起因するハザード(hazard、危害(harm)になり得る潜在的な原因、すなわち潜在的な危害)に対応することです。

本質安全と機能安全の違いに関して、鉄道の安全対策の例を図 5.18 に示します。電車と自動車や人との衝突や接触事故をなくすには、立体交差が最も効果的です。これが本質安全です。しかし立体交差にするには、立地条件が合わない場合があります。そこで踏切を設置します。立体交差に比べて、完全ではありませんが、かなりの効果が期待できます。これが機能安全です。

区　分	内　容
機能安全基本規格 IEC 61508	①　機能安全とは、システムのいくつかのハザード(hazard)に関連するリスクを減らすための電気電子システムを配置すること ・主としてプラントを中心とした機能安全に適用
自動車の機能安全規格 ISO 26262	①　自動車の機能安全とは、自動車の電気電子システムの機能不全に起因するハザードに対応すること ②　電気電子システムの機能不全によって引き起こされない安全性の問題は対象外

図 5.17　機能安全規格の位置づけ

区　分	内　容	鉄道の例
本質安全	①　人間や環境に危害を及ぼす原因そのものを機械的に低減あるいは除去する。	立体交差
機能安全	①　安全を確保する機能(安全機能)を導入して、許容できるレベルの安全を確保する。 ・ハードウェアだけでなくソフトウェアも対象	踏切の設置

図 5.18　本質安全と機能安全：鉄道踏切の安全対策の例

機能安全の基本的な考え方として、次の2つがあります。機能安全のためには、これらの2つとも求められています(図5.19参照)。

①　機能安全を達成すること

②　機能安全の達成が説明できること

機能安全のシステムは、図5.20に示すように、センサー(senser)、電子制御装置(ECU、electronic control unit)およびアクチュエータ(actuator)からなる、電気電子システムで構成されます。

センサーで検出した故障モードを電子制御装置で処理し、安全機構(safety mechanism)とともに、アクチュエータを介して、安全確保のための必要な処置をとります。

項　目	実施事項
①　機能安全を達成すること	・故障が起こっても安全目標を侵害しない。 ・例：電気電子部品の障害(フォールト、fault)を検出して処置し、安全状態を維持し、安全状態に移行する。 －従来のフェールセーフ(fail safe)の考え方の発展
②　機能安全の達成が説明できること	・安全ケース(safety case)：システムが許容可能な程度に安全であることの正当性を示す証拠

[備考] ①、②の両方とも必要

図5.19　機能安全の基本的な考え方

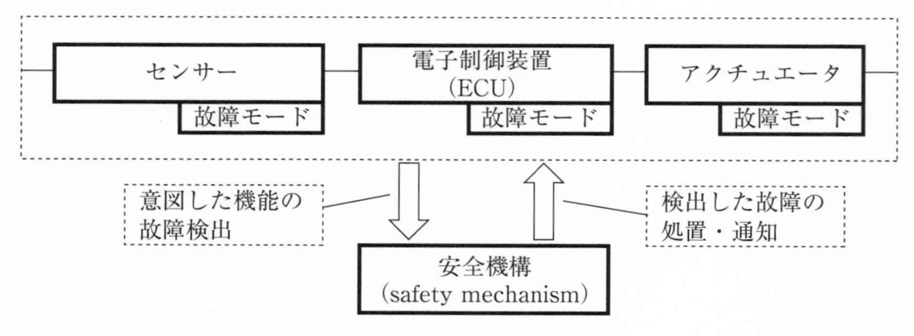

図5.20　機能安全の仕組み

(2)　機能安全関連規格

製造物責任(PL、product liability)および製品安全(product safety)関連の法規では、“state of the art”(ステートオブザアート、最新技術)、および業界で認められている規格(例えば、ISO 26262)、ならびにガイドラインを順守することが求められる、ベストプラクティス(最善の方法、best practice)に準拠することを要求しています(図5.21参照)。

IEC 61508(電気・電子・プログラマブル電子安全関連系の機能安全)は、製品安全に関する基本規格で、その自動車版がISO 26262です。IEC 61508は、電気電子システム(ソフトウェアを含む)の機能安全を対象としています(図5.22参照)。

区　分	内　容
法律	・国内・国際的に定義されている必須の要件 ・一般的に最小必要条件を規定
規格	・製品開発を支援し、業界の合意を表すことを目的とする。 ・一般的に“必須”の要件ではない。
ガイドライン	・規格よりも位置づけが低いと見なされることがある。 ・しかし、製品責任における“state of the art”(最新技術)として見なされている。 ・規格＋ガイドライン＝ベストプラクティス

図5.21　機能安全関連規格

項　目	内　容
IEC 61508	・安全関連の電気電子システムの開発と妥当性確認のための基準の規格 ・ISO 26262の基本規格
対象	・電気・電子・プログラマブルな電子安全関連システムの機能安全を対象とする。ハードウェアだけでなくソフトウェアを含む。
原則	・システムのリスクを特定し低減する、安全度水準(SIL)で表現する。 ・SILに合った厳密さで開発と妥当性確認を実施する。 ・必要なリスク低減が達成されたことを実証する。

図5.22　機能安全規格　IEC 61508

ISO 26262は、自動車に搭載された電気電子システムの機能安全に適用される規格で、ISO 26262に準拠することは、現時点では法的要件ではありませんが、ISO 26262規格に従わない場合、組織は論理的根拠が必要となります。

故障が原因で自動車事故が発生した場合、ISO 26262を適用している場合は、安全に対する最善策を実施(state of the art)していると考えられます。すなわち、説明責任を果たすためのツールとして、ISO 26262を使用することができます。一方、ISO 26262を適用していない場合は、最善の努力を怠っている(“state of the art”ではない)と考えられ、訴訟で不利となる可能性があります(図5.23、図5.24参照)。

項　目	実施事項
ISO 26262の目的	①　自動車の電気電子システムが壊れた場合でも、安全を確保する。
ISO 26262の適用範囲	①　自動車に組込まれた電気電子システムを含む安全関連システムに適用する。 ②　自動車業界における安全関連の電気電子システム開発のための“state of the art”を表す。 ③　ISO 26262に準拠することは法的要件ではないが、ISO 26262規格に従わない場合、組織は論理的根拠の証明が必要となる。 ④　なお、ISO 26262に準拠しても、安全な製品が開発されたことを保証するものではない。

図5.23　ISO 26262の目的と適用範囲

項　目	実施事項
ステートオブアート “state of the art ”	・最新技術、最高水準 ・現在の技術水準に照らし十分な処置を講じた場合、発生した事故については不可抗力として免責される。
ISO 26262を適用している場合	・安全に対する最善策を実施している(“state of the art”)。 ・説明責任を果たすためのツールとして、ISO 26262を使用可能
ISO 26262を適用していない場合	・最善の努力を怠る(“state of the art”ではない)。 ・故障による事故発生時の訴訟で不利となる。

図5.24　“state of the art”とISO 26262の適用

(3)　機能安全およびISO 26262の原則

故障の種類として、偶発的故障(ランダム故障)、体系的故障(システマテック故障)、および人的要因による故障の3つが考えられます。

偶発的故障は、ハードウェア(電子部品、機械部品)の故障で、一般的に故障であることが測定・予測でき、故障を防ぐには予防的な活動で対処できるものです。体系的故障は、設計または実装の誤り(人のミス、ソフトウェアのバグなど)の原因が特定できるもので、定量的な測定が適用できず、手順を決めて実施することが必要です。そして人的要因による故障は、設計中または運用中の故障です(図5.25参照)。

また、スイスチーズ(swiss cheese)と呼ばれる重複故障があります。事故は多くの場合、複数の故障が重なった場合に発生します。すなわち、1つの故障が発生しても検出されず、潜在化することがあります(図5.26参照)。

ISO 26262ではこれらの種々の故障に対する機能安全を対象としています。

項　目	実施事項
偶発的故障 (ランダム故障)	①　ハードウェアの故障(電子部品、機械部品) ・壊れる(または摩耗)することによって起こる故障 ②　故障であることが測定・予測できる。 ・故障を防ぐには予防的な活動で対処できる。 ・例：定期的な部品交換
体系的故障 (システマテック故障)	①　設計または実装の誤り(人のミス)などの原因が特定できる。 ②　故障は同じ環境下で同じような状況が与えられれば発生(再発)する。再現できる。 ③　定量的な測定(例：確率)が適用できない。 ・例：人のミス、ソフトウェアのバグ ・対策：手順を決めて実施する。
人的要因による故障	①　設計中または運用中の故障 ・人が通常の運用中に実施していること ・予見可能な誤使用 ・システム(driver in the loop)の中で、人は故障に対してどのように反応するか(または気づいた故障にどう対応するか)

図5.25　システム故障の種類(1)

本書においてこれからしばしば登場する、障害(フォールト、fault)、エラー(error)および故障(failure)という用語の比較を、図5.27に示します。障害が発生した結果エラーが発生し、エラーが発生した結果故障が発生するというつながりです。

項　目	実施事項
重複故障 (スイスチーズ、swiss cheese)	①　事故は多くの場合、複数の故障が重なって発生する。 ・故障のいくつかは潜在化し検出されない。 ②　技術的な境界(barrier) ・システム開発プロセス：システムにエラーが入り込む可能性を低減するように設計する。 ・システム設計：障害に対して頑強(robust)な設計(障害を検出し、障害に応じて対応することができる。 ③　組織的な境界 ・QMS：ISO 26262は成熟かつ、効果的なQMS(品質マネジメントシステム)が運用されていることを前提としている(例：IATF 16949またはISO 9001)

図5.26　システム故障の種類(2)

用　語	定義
障害 (フォールト) fault	①　エレメント(element、部品)またはアイテム(item、機能安全を実現する対象)の故障を引き起こす可能性のある異常な状態 ・障害は、故障に至る小さなレベルの“問題発生”のこと
エラー error	①　計算、観測または測定された値あるいは条件と、実際の指定されたまたは理論的に正しい値あるいは条件との不一致
故障 failure	①　障害の発生によるエレメントまたはアイテムの意図された振舞いの終了 ・要求された機能を実行するECU(電子制御装置)の能力の停止 ・障害の結果だけではなく、正しくない仕様にも起因することがある。

図5.27　用語：障害(フォールト)、エラー、故障

図 5.28 では、“ヒューズが切れた”が障害、“スイッチを入れたが電圧が出ない”がエラー、そして“ランプが光らない”が故障の例です。また図 5.29 では、“ECU の断続的機能停止”が障害、“断続的なコイル点火”がエラー、そして“バッキング(ガクガクした動き)”が故障の例です。

また本書において、危害(harm)、ハザード(hazard)、リスク(risk)および安全という用語もしばしば登場します。ハザードは、アイテム(item、機能安全を実現する対象)の機能不全の振舞いにより引き起こされる、危害になり得る潜在的な原因のことです。リスクは、危害が発生する確率とその危害の影響度との組合せのことです(図 5.30 参照)。

残存リスク(residual risk)は、安全方策実施後に残ったリスクです。そして安全(safety)は、リスクがまったくないということではなく、許容できないリスクがない状態、または不合理なリスクが存在しない状態をいいます(図 5.30、図 5.31 参照)。

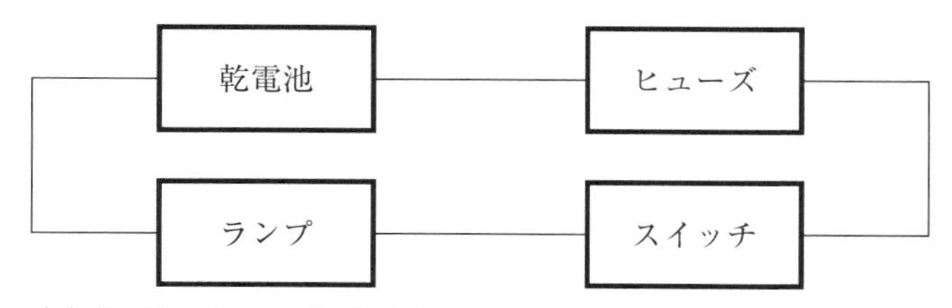

［備考］　障害(fault)：ヒューズが切れた。
エラー：スイッチを入れたが、ランプに入ってくる電圧が 0V
故障：ランプが光らない。

図 5.28　障害、エラー、故障の関係(1)：常備灯の例

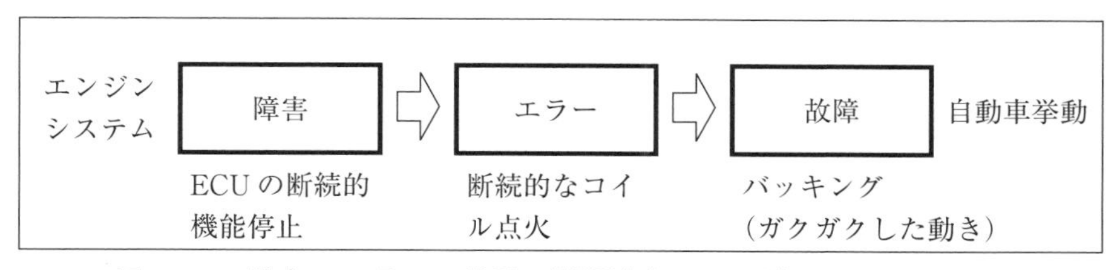

図 5.29　障害、エラー、故障の関係(2)：エンジンシステムの例

“安全コンセプト”(safety concept)という用語は、故障の際にシステムの安全な動作を保証するために、システムに設計された戦略と対策を記述するために使用されます。また、機能安全に関してよく使用される、“フェールセーフ(fail safe)”という用語は、装置またはシステムが故障した場合に、機能の停止を含め、安全サイドに作動を移行させることです(図5.31参照)。

用　語	定　義
危害 harm	・人の健康に対する身体的な傷害または被害
ハザード hazard	・アイテム(item、機能安全を実現する対象)の機能不全の振舞いにより引き起こされる、危害になり得る潜在的な原因 －例：エンジン系の故障(急加速)、ハンドルが切れない。
危険事象 hazardous event	・ハザードと運用状況の組合せ －例：急加速が高速道路で発生、ハンドル曲がりが山道で発生
リスク risk	・危害が発生する確率とその危害の影響度との組合せ
不合理なリスク unreasonable risk	・社会的道徳に従って、特定の状況において受け入れることができないと判断されるリスク。“広く受け入れられる／許容できる”という言葉が使われることがある。
残存リスク residual risk	・安全方策の配備後に残ったリスク －対策後の受け入れられるリスク

図5.30　用語：ハザード、リスクなど

用　語	定　義	
安全 safety	ISO/IEC Guide 51	・受入できないリスクがない状態 (freedom from unacceptable risk)
	ISO 26262	・不合理なリスクが存在しない状態 (absence of unreasonable risk)
安全コンセプト safety concept	・“安全コンセプト”という用語は、故障の際にシステムの安全な動作を保証するために、システムに設計された戦略と対策を記述するために使用される。	
フェールセーフ fail safe	・装置またはシステムが故障した場合に、安全サイドに作動を移行させること。機能の停止を含む。	

図5.31　用語：安全、安全コンセプト、フェールセーフ

5.2　ISO 26262 の概要

5.2.1　ISO 26262 規格の構造

自動車の機能安全規格 ISO 26262 の適用範囲について図 5.33 に示します。また ISO 26262 規格の構造、すなわち ISO 26262 規格の章構成を図 5.32 に示します。

この中で、Part 11 半導体への適用に関するガイドライン(参考)および Part 12 二輪自動車(モーターサイクル)への適用は、ISO 26262：2018 (第 2 版)での追加となった項目です。

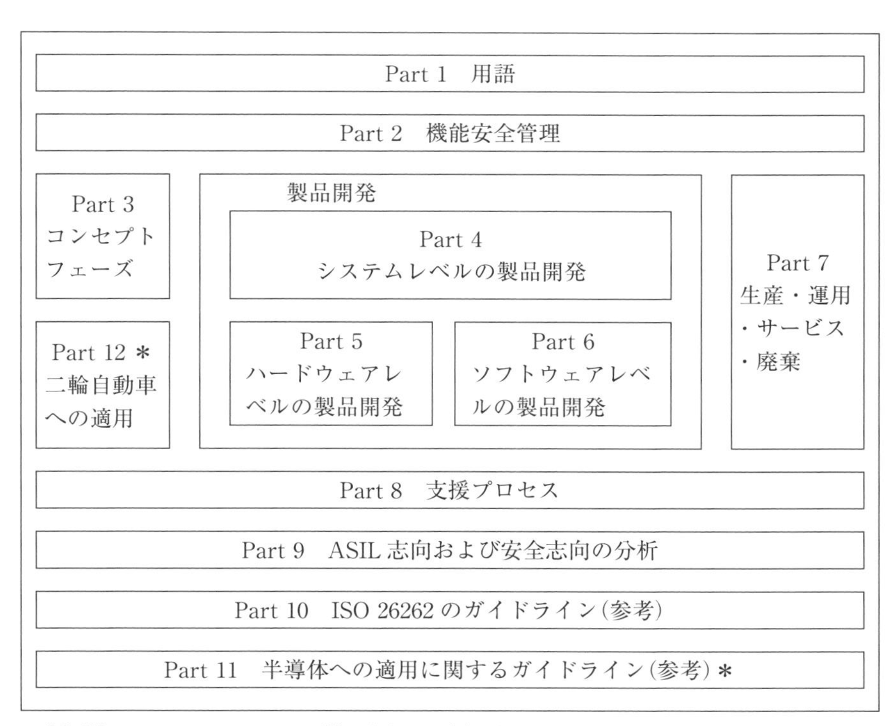

［備考］ ＊：ISO 26262：2018(第 2 版)での追加項目

図 5.32　ISO 26262 規格の構造

機能安全のフローを図 5.34 に示します。これは、V 字モデルと呼ばれているもので、次のようなフローになります。

項　目	実施事項
自動車の機能安全	①　電気電子システムの機能不全の振舞いによって引き起こされる、ハザード(危害になり得る潜在的な原因)が原因となる、不合理なリスクが存在しないこと
ISO 26262 の適用範囲	①　機能安全規格 IEC 61508 の自動車版の規格 ②　ISO 26262 は、自動車に組み込まれた、電気・電子・プログラム可能システム(ソフトウェアを含む)な安全関連システムに適用される。 ③　このようなシステムは、センサー、電子制御装置(ECU)およびアクチュエータで構成されている。 ④　故障したときの安全が対象で、性能不足や誤使用による故障は対象外である。

図 5.33　自動車の機能安全規格 ISO 26262 の適用範囲

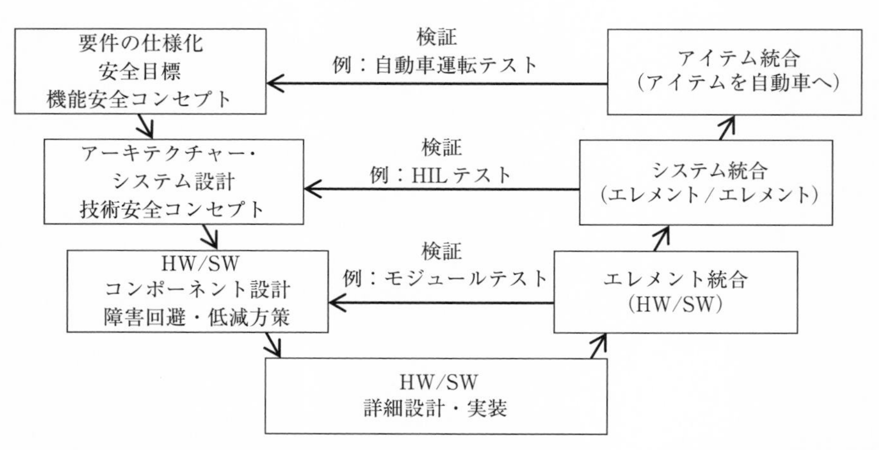

［備考］ HIL(hardware in the loop)：シミュレーションを行って、組込 ECU(電子制御装置)を設計の早い段階で検証すること。HW/SW：ハードウェア / ソフトウェア

図 5.34　機能安全のフロー：V 字モデル

まず図5.34のV字モデルの左側において、要件を仕様化して安全目標を設定し(機能安全コンセプト)、アーキテクチャー（構造)・システム設計を行い(技術安全コンセプト)、HW/SW(ハードウェア／ソフトウェア)のコンポーネント設計(障害回避・低減方策)を行い、HW/SWの詳細設計・実装を行います。

次にV字モデルの右側に移り、HW/SWのエレメント統合を行って、左側のHW/SWのコンポーネント設計を検証し(モジュールテストなど)、システム統合を行って、HW/SWのコンポーネント設計を検証し(HIL、ハードウェアインザループテストなど)、アイテム統合を行って、要求仕様と安全目標を検証する(自動車運転テストなど)というフローです。すなわち、V字モデルの左側では、設計の対象が大きな範囲から順に小さく(細かく)なり、V字モデルの右側では、統合・検証の対象が小さな範囲から順に大きくなります。

用　語	定　義
エレメント(部品) element	・システム、コンポーネント(ハードウェアまたはソフトウェア)、ハードウェア部品またはソフトウェアユニットなど
システム system	・センサー、電子制御装置(ECU)およびアクチュエータが相互に関連した、コンポーネントまたはサブシステムの集合
アイテム item	・機能安全を実現する対象、すなわちISO 26262が適用されるシステムまたはシステムの組合せ

図5.35　用語：エレメント、システム、アイテム

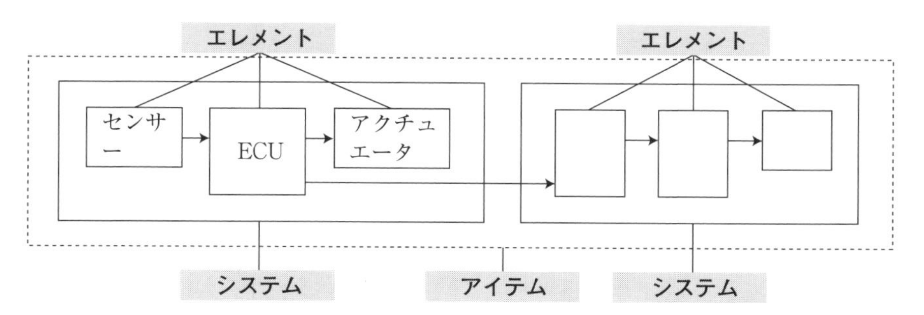

図5.36　ISO 26262の対象：エレメント、システム、アイテムの関係の例

ISO 26262の対象となるエレメント、システムおよびアイテムの関係の例を図5.36に、それぞれの用語の定義を図5.35に示します。

自動車のリスクモデルを図5.37に示します。図の右上が、リスクが高いということになります。必要なASILレベル(ASIL A～ASIL D)は、通常自動車メーカーによって決定されます。

故障の発生確率(F、frequency)、曝露可能性(E、exposure)および制御(回避)可能性(C、controlability)は次の式で表されます。

発生確率(F)＝曝露可能性(E)×制御可能性(C)

自動車安全度水準(ASIL)が許容されるレベルまで下がった後は、IATF 16949やISO 9001などのQMS(品質マネジメントシステム)で対応することになります。すなわち、ISO 26262では、IATF 16949やISO 9001などの品質マネジメントシステム認証を取得しておくことが求められています。

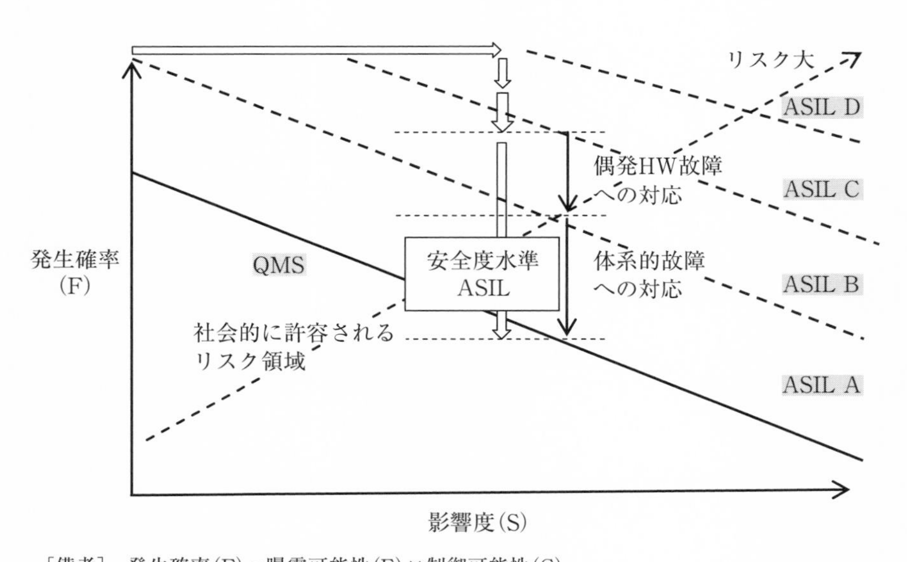

［備考］　発生確率(F)＝曝露可能性(E)×制御可能性(C)

リスクが許容されるレベルに下がった後は、QMS(品質マネジメントシステム)で対応

図5.37　自動車のリスクモデル

5.2.2　機能安全管理(Part 2)

(1)　全体的な安全管理(Part 2.5)

全体的な安全管理は、組織全体として行う安全管理活動であり、安全ライフサイクル(life cycle)に従った活動が求められます。

安全ライフサイクル、テーラリング、安全文化および QMS(品質マネジメントシステム)について、図 5.38 に示します。

項　目	実施事項
安全ライフサイクルとは	・製品のコンセプト(概念設定)から設計、生産、使用、廃棄に至るまでの製品の一生
安全ライフサイクルのテーラリング	・組織の方針や目的に合わせて安全ライフサイクルを定義し、その安全ライフサイクルを通じて安全活動を保証する。
安全文化	・組織の掲げた安全方針や安全目標に対して、組織や個人が順守すべき安全活動が理解され定着することが重要である。
品質マネジメントシステム(QMS)	・IATF 16949 や ISO 9001 と同等の品質マネジメントシステムを構築し、組織として製品の品質を適切に管理する必要がある。

図 5.38　安全ライフサイクル、テーラリング、安全文化、QMS

項　目	実施事項
開発プロジェクトにおける安全活動	①　コンセプトフェーズ(Part 3)と製品開発における安全管理(Part 4 ～ 6)は、プロジェクトマネジャーと安全管理者(safety manager)を中心とした開発プロジェクトとしての活動となる。 ②　対象製品のコンセプトフェーズと製品開発に関する安全ライフサイクルを通じた安全計画を立案する。
セーフティケース safety case	①　セーフティケースとは、安全を主張するためのエビデンス(根拠となる成果物)の総称である。 ②　安全計画にもとづいて安全ライフサイクルの各フェーズで必要なセーフティケースを作成する。 ③　安全を主張するためには、対象アイテム(機能安全を実行する対象)の ASIL に対して、少なくとも 1 つ以上の安全目標が含まれたセーフティケースが求められる。

図 5.39　開発プロジェクトにおける安全活動

(2)　プロジェクトの安全管理(Part 2.6)

コンセプトフェーズと製品開発における安全管理は、主に製品開発のプロジェクトが担うべき安全管理活動です。開発プロジェクトにおける安全活動の内容を図5.39に示します。対象製品の開発にかかわるすべての役割と責任を明確に定義し、コンセプトフェーズと製品開発に関する安全ライフサイクルを通じた安全計画書を作成して実施します。

セーフティケース(safety case)とは、安全を主張するためのエビデンス(根拠となる成果物)のことであり、安全計画にもとづいて安全ライフサイクルの各フェーズで必要なセーフティケースを作成します。安全を主張するためには、対象アイテム(機能安全を実行する対象)のASILに対して、安全目標が含まれたセーフティケースが求められます(図5.39参照)。

(3)　製品リリース後の安全管理(Part 2.7)

製品リリース後とは、開発完了後、すなわち生産、運用、サービスおよび廃棄のことをいいます。

製品リリース後の安全管理の内容を図5.40に示します。

項　目	実施事項
製品リリース後の安全管理	①　安全ライフサイクルにおいて、製品リリース後、すなわち、製品の開発が完了した後の生産、運用、メンテナンス、廃棄についても、一貫した安全管理が求められる。 ②　特に、安全を保証するための一連の活動を計画し、それらにかかわる組織や担当者の役割と責任を明確に定義して、安全活動を確実に遂行する必要がある。 ③　また、製品リリース後の一連の安全活動に関するプロセスを構築し、それを継続的に維持していく仕組みが求められる。 ④　その仕組みには、市場(販売後)のモニタリングも含まれ、安全に関する事故のデータ収集、リコールやその意思決定に関してもプロセスとして定義しておくことが求められる。

図5.40　製品リリース後の安全管理

5.2.3　コンセプトフェーズ(Part 3)

コンセプト(概念設計、concept)フェーズ(Part 3)は、機能安全を実現する対象となるアイテム(item)に対して、不合理なリスクを排除すべく、アイテムに想定されるハザード(hazard)を分析し、達成すべき安全目標と安全度水準(ASIL)を決定して、機能安全コンセプトを明確に示すための、一連の要求事項が示されています(図 5.41 参照)。

このコンセプトフェーズは、主として自動車メーカー(OEM)に対する要求事項となります。

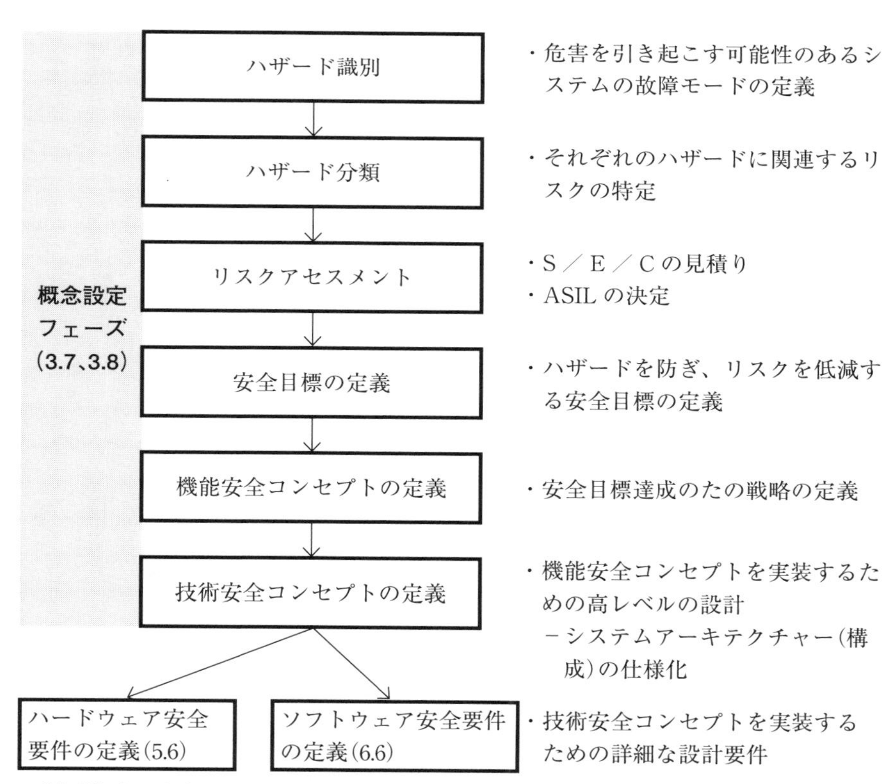

図 5.41　ISO 26262 全体の安全コンセプト(概念設計)

(1)　アイテムの定義およびハザード分析・リスクアセスメント（Part 3.5、Part 3.6）

安全ライフサイクルの一連の活動を開始するにあたって、開発対象となるアイテム（機能安全を実現する対象）を定義します（図5.42参照）。

ハザード（危害になり得る潜在的な原因、hazard）分析およびリスクアセスメント（HARA、hazard analysis and risk assessment）では、アイテムに関連するハザードを特定して分類し、ASILを決定して、安全目標（safety goal）を決定します（図5.43参照）。影響度（S、severity）、曝露可能性（E、exposure）、および制御可能性（C、controlability）の定義および評価基準は、図5.44～図5.47のようになります。

用　語	定　義
アイテム item	・自動車に機能として実装されるシステムやサブシステムなど、機能安全規格ISO 26262を適用する対象をいう。

図5.42　用語：アイテム

項　目	実施事項
ハザード識別	・ハザードの識別を行う。 ・ここが壊れるとこういうハザードが発生するなど、ハザードを自動車レベルの出来事または状態を表す用語で定義する。
状況分析	・ハザードのきっかけとなり得る運用状況および動作モードを特定する。
危険事象の分類とASILの決定	・識別された危険事象を、影響度（S）、曝露可能性（E）、および制御（回避）可能性（C）で評価する。 ・S／E／CからASILを決定する。
安全目標	・安全目標はASILが割り付けられた各危険事象に対して要求される。
検証活動	・HARA（ハザード分析およびリスクアセスメント、hazard analysis and risk assessment）および安全目標に従って検証する。

図5.43　ハザード分析およびリスクアセスメント

用　語	定　義
影響度 (S、severity)	・故障が発生したときに受ける傷害の程度。重大度、厳しさ
曝露可能性 (E、exposure)	・ある前提条件で(例：高速道路を進行中)ハザードが発生する確率。通常自動自動車メーカーが調査
制御可能性 (C、controlability)	・故障が発生したときに運転者が故障を制御(回避)できる確率

図5.44 用語：S／E／C

	S0	S1	S2	S3
区分	傷害なし	軽度および中程度の傷害	重度および生命を脅かす傷害 (生存の可能性)	生命を脅かす致命的な傷害
参考例	・インフラへの軽微な衝突	・極低速での乗用自動車の側面衝突 ・自動車室の変形を伴わない正面衝突	・低速での乗用自動車の側面衝突	・中速での乗用自動車の側面衝突 ・自動車室の変形を伴う正面衝突

図5.45 影響度(S)の評価基準

	E1	E2	E3	E4
区分	非常に低い確率	低い確率	中程度の確率	高い確率
期間の定義または暴露の確率(参考)	・規定なし	・平均動作時間の1% 未満	・平均動作時間の1～10%	・平均動作時間の10% 超
参考例	・ジャンプスタート	・トレーラ牽引 ・ルーフラック装着 ・洗車中 ・燃料補給中	・トンネル ・ヒルホールド(坂道の途中) ・濡れた道路 ・渋滞中	・加速中 ・ブレーキ中 ・操舵中 ・駐車中

図5.46 曝露可能性(E)の評価基準

［ASIL の決定］

発生し得る個々のハザードに対して、危害の影響度（S）、曝露可能性（E）および制御（回避）可能性（C）を評価し（図 5.45 ～図 5.47 参照）、それを図 5.48 に照らし合わせて ASIL を決定します。

	C0	C1	C2	C3
区分	一般的に制御（回避）可能	容易に制御（回避）可能	通常は制御（回避）可能	制御（回避）が困難または制御（回避）不能
定義（参考）	・概ね制御（回避）可能	・全運転者の 99% 以上が危害を制御（回避）できる。	・全運転者の 90% 以上が危害を制御（回避）できる。	・ほとんどの運転者が、危害を制御（回避）できない。
例	・ラジオの音量増加	・運転中のシート移動	・緊急ブレーキ中の ABS 故障	・高速でのステアリング故障

図 5.47　制御可能性（C）の評価基準

		C1	C2	C3
S1	E1	QMS	QMS	QMS
	E2	QMS	QMS	QMS
	E3	QMS	QMS	ASIL A
	E4	QMS	ASIL A	ASIL B
S2	E1	QMS	QMS	QMS
	E2	QMS	QMS	ASIL A
	E3	QMS	ASIL A	ASIL B
	E4	ASIL A	ASIL B	ASIL C
S3	E1	QMS	QMS	ASIL A
	E2	QMS	ASIL A	ASIL B
	E3	ASIL A	ASIL B	ASIL C
	E4	ASIL B	ASIL C	ASIL D

［備考］ ASIL：自動車安全度水準
S：影響度、E：曝露可能性、C：制御（回避）可能性
QMS：品質マネジメントシステム

図 5.48　ASIL の決定

ASIL には ASIL A から ASIL D の 4 段階があり、ASIL D が最も厳しいレベルです。なお図 5.48 には、ASIL A から ASIL D の他に QMS（品質マネジメントシステム、quality management system）の区分があります。QMS が割り当てられた場合は、ASIL の要求は特に存在しませんが、適切な品質マネジメントシステムにもとづいた対応が求められます。すなわち ISO 26262 では、IATF 16949 または ISO 9001 認証を取得していることが前提条件となります。

HARA（ハザード分析およびリスクアセスメント）から安全目標決定までのフローを図 5.49 に示します。

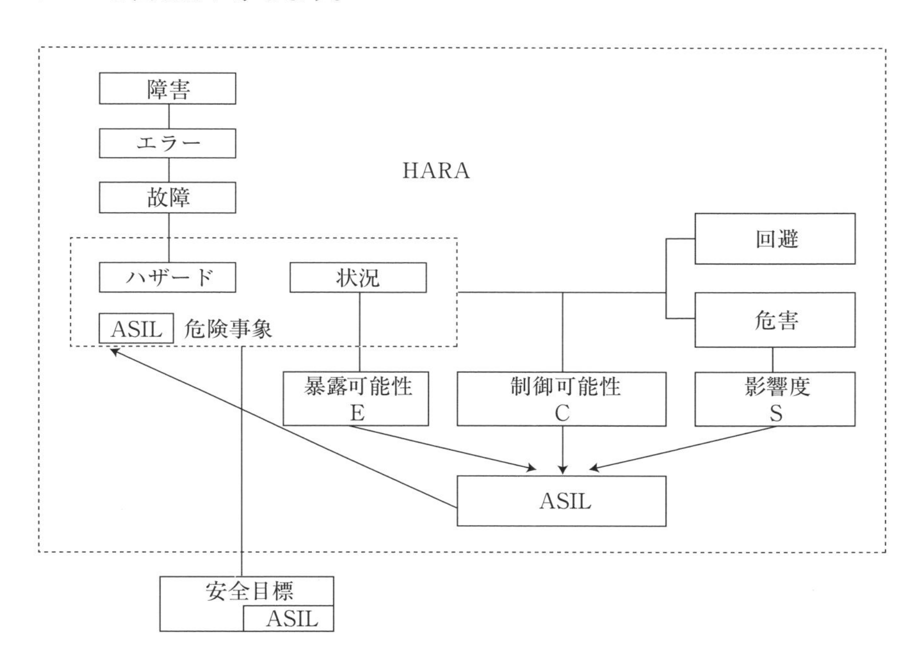

［備考］　曝露可能性（E）：ハザードが状況に遭遇する確率
安全目標：自動車メーカーからサプライヤーに伝達される。
HARA：ハザード分析およびリスクアセスメント

図 5.49　HARA から安全目標決定までのフロー

(3)　機能安全コンセプト(Part 3.7)

機能安全コンセプトの内容を図5.50に示します。

機能安全コンセプトとは、安全目標の達成に必要な機能安全要件を導き出すことです。すなわち各アイテムに対して、運転者によってまたは外部方策によって、必要とされる障害耐性(フォールトトレランス、fault tolerance)を達成するか、もしくは適切に関連する障害の影響を緩和する、アイテムレベルの戦略または方策を規定します。

安全状態(safe state)とは、不合理なレベルのリスクが存在しないアイテムの動作モードをいいます。安全状態には、機能の停止／縮退／継続などがあります。

障害耐性(フォールトトレラント)時間間隔(FTTI、fault tolerant time interval)は、障害が発生してから、対策しないと事故が発生するまでの時間のことです。詳細については後述します。

項　目	実施事項
機能安全コンセプト	①　安全目標の達成に必要な機能安全要件を導き出す。 ②　アイテム自身によって、運転者によってまたは外部方策によって、必要とされる耐障害性(フォールトトレランス)を達成するか、もしくは適切に関連する障害の影響を緩和する、アイテムレベルの戦略または方策を規定する。
安全状態	①　安全状態(safe state)とは、不合理なレベルのリスクが存在しないアイテムの動作モードをいう。 ②　安全状態の分類として、下記がある。 ・機能の停止：元の安全な状態に戻す。 ・機能の縮退：機能を縮小して、自動車を安全な状態にする。 －例：安全性確保のために手動に切り替える。 ・警告：運転者に警告を発する。 ・継続：事故につながらないため、そのまま継続する。
障害耐性時間間隔	③　障害耐性(フォールトトレラント)時間間隔(FTTI、fault tolerant time interval)は、障害が発生してから、対策しないと事故が発生するまでの時間のこと

図5.50　機能安全コンセプト

5.2.4 システムレベルの製品開発(Part 4)

システムレベルの製品開発(Part 4)には、ハードウェアレベルの製品開発およびソフトウェアレベルの製品開発のための技術安全コンセプトがあり、またハードウェアレベルの製品開発およびソフトウェアレベルの製品開発後の、システム・アイテム統合、テスト、およびシステムとしての安全妥当性確認があるなど、ISO 26262における最も重要な項目といえます(図5.51参照)。

(1) 技術安全コンセプト(Part 4.6)

技術安全コンセプトの概要を図5.52に示します。システムを開発するために、アイテム(item、機能安全を実現する対象)レベルの機能安全要件を、システムレベルの技術的安全要求仕様に詳細化します。そして、システムレベルの技術的安全要求仕様を作成するために、アイテムに対する安全目標、機能安全コンセプト、暫定的なアーキテクチャー構想などの情報を考慮します。

安全機構(safety mechanism)とは、電気電子ハードウェア、ソフトウェアやその他の技術によって、安全状態を確保するために、障害を検出したり、故障を制御したり、または異常警告を発してリスクを回避したりする技術的解決策のことです。

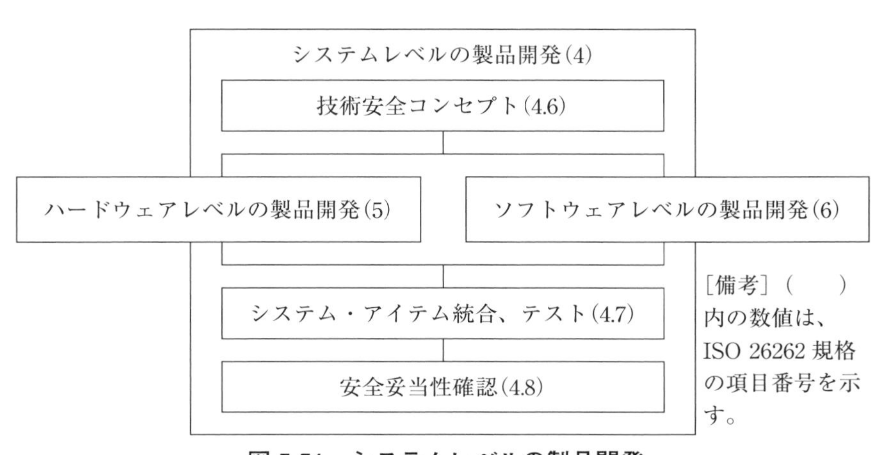

図5.51 システムレベルの製品開発

項　目	実施事項
技術的安全要求仕様	①　システムを開発するために、アイテム(機能安全を実現する対象)レベルの機能安全要件を、システムレベルの技術的安全要求仕様に詳細化する。 ②　システムレベルの技術的安全要求仕様を作成するために、アイテムに対する安全目標、機能安全コンセプト、暫定的なアーキテクチャー(構成)の構想などの情報を考慮する。
安全機構	①　安全機構(safety mechanism)とは、電気電子ハードウェア、ソフトウェアやその他の技術によって、安全状態を確保するために、障害を検出したり、故障を制御したり、または異常警告を発してリスクを回避したりする技術的解決策である。
潜在的障害の回避	①　潜在的なマルチポイント障害を回避するために、安全機構を特定したり、マルチポイント障害の検出時間を特定する。
生産、運用、メンテナンス、廃棄	①　生産、運用、メンテナンスおよび廃棄に関して安全上の懸念点があれば、技術的安全要求仕様に明記しておく。
検証と妥当性確認	①　技術的安全要求仕様を保証するため、機能安全コンセプトとの一貫性・適合性、暫定的なアーキテクチャー(構成)との対応関係の観点から検証を行う。

図 5.52　技術的安全コンセプト

潜在的障害回避のために、潜在的なマルチポイント障害(本書の 5.2.5 項参照)を回避するために、障害を回避する安全機構を特定したり、マルチポイント障害の検出時間を特定します。また、生産、運用、メンテナンスおよび廃棄に関して、安全上の懸念点があれば、技術的安全要求仕様に明記しておきます。

技術的安全要求仕様を保証するため、機能安全コンセプトとの一貫性・適合性、暫定的なアーキテクチャー構想との対応関係の観点から検証を行います。

(2)　システム設計、アイテム統合およびテスト(Part 4.7)

図 5.53 に従ってシステム設計を行います。また、アイテム統合ならびにテストの内容を図 5.54 に示します。

エレメントごとにハードウェアとソフトウェアを統合し、エレメントをアイテムに統合し、そしてアイテムを自動車に統合します。

項　目	実施事項
システム設計	①　技術的安全要件を含んだシステム要求仕様にもとづきシステム設計を行う。
システム設計仕様と技術的セーフティコンセプト	①　システム設計は、技術的安全要件を含めて実装する。 ②　技術的安全要件を実装する際には、システム設計の検証可能性、機能安全を達成するための技術的能力、システム統合中のテスト実施可能性も考慮する。
系統的(システマテック)故障の回避方法	①　系統的故障を回避するためには、安全分析によって故障を特定し、それに対して実績のある設計原則を適用することによって故障を低減させる。
偶発的(ランダム)故障の制御方法	①　ハードウェアの偶発的故障が発生しても安全性を保証するための制御方法を定義する。 ②　シングルポイント障害(本書の5.2.5項参照)および潜在的な障害に対する定量的評価指標を定義する。 ③　安全性を証明するため、確率論的手法、もしくは確定論的手法を選択し、評価基準を定義する。
HSI(hardware − software interface)の仕様	①　技術的安全コンセプトと一貫性のとれたハードウェアとソフトウェアの分担を明確化し、それらの相互作用を記載する。 ②　また、ハードウェアの診断機能も定義する。
生産、運用、メンテナンス、廃棄に対する要求	①　安全に関連する市場データが収集可能であり、メンテナンス中に要求される作業に対応可能であるような診断機能を検討して、システム設計に織り込む。
システム設計の検証	①　システム設計が正しく設計されたことを確実にするため、技術的安全コンセプトに対する順守と完全性を検証する。

図 5.53　システム設計

安全要求が正しく実行されているか、およびシステム設計が正しく実装されているかを検証します。ハードウェアレベルの製品設計(Part 5)、ソフトウェアレベルの製品設計(Part 6)、およびシステムを構成する個々のエレメントが、この統合活動の対象となります。

(3)　安全妥当性確認(Part 4.8)

安全目標に準拠していること、および機能安全コンセプトが、アイテムの機能安全に対して適切であることの証拠を得るために、そして安全目標が自動車レベルで完全に達成されたという証拠を得るために、安全妥当性確認を行います。なお、検証と妥当性確認との違いは、図 5.55 のようになります。

障害処理(フォールトハンドリング)時間間隔(FHTI)について、図 5.56 の 2 つのケースについて考えて見ましょう。

ケース 1 では、安全機構が実装されていないため、障害が発生すると、障害耐性(フォールトトレラント)時間間隔(FTTI)が過ぎると、危険事象(事故)が

項　目	実施事項
統合	・エレメントごとにハードウェアとソフトウェアを統合する。 ・エレメントをアイテムに統合する。 ・アイテムを自動車に統合する。
テストの目的	・安全要求が正しく実行されているかを検証する。 ・システム設計が正しく実装されているかを検証する。 ・すべての振舞いを理解する。
ハードウェアおよびソフトウェアの統合およびテスト	・ハードウェアレベルの製品設計(Part 5)およびソフトウェアレベルの製品設計(Part 6)が、この統合の対象となる。 ・ASIL B ～ ASIL D に対しては、ハードウェア・ソフトウェアインタフェース仕様を、適切な診断率(カバレッジ)でテストする。
システム統合およびテスト	・システムを構成する個々のエレメントが、この統合活動の対象となる。
自動車統合およびテスト	・自動車に統合されるアイテムが、この統合活動の対象となる。

図 5.54　アイテム統合ならびにテスト

項　目	実施事項
目的	・安全目標に準拠していること、および機能安全コンセプトが、アイテムの機能安全に対して適切であることの証拠を提供する。 －安全目標が自動車レベルで完全に達成されたという証拠
検証 verification	・システムが(V 字の左の)設計どおりにできているかどうかの評価
妥当性確認 validation	・本当に安全なシステムが作られたかどうかの評価

図 5.55　安全妥当性確認

発生します。

一方ケース2では、安全機構が実装されているため、障害処理時間間隔(FHTI = FDTI + FRTI)内の、障害検出時間間隔(FDTI)内に検出が行われ、障害反応時間間隔(FRTI)内に応答(response)が行われ、安全状態に移行します。ここで安全状態とは、危険ではない状態で、通常動作(正常動作)という訳ではありません。

［ケース1］安全機能が実装されていない場合

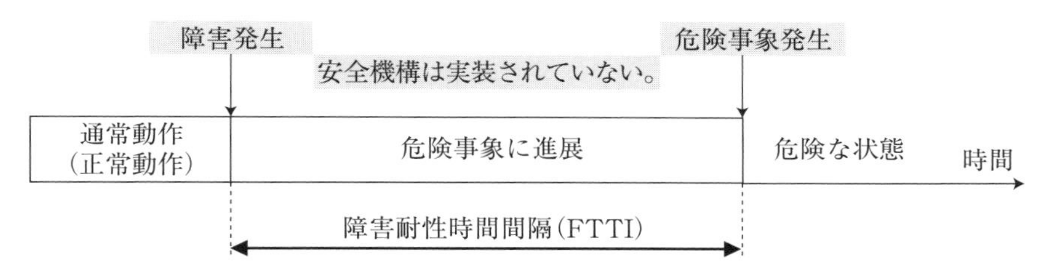

［ケース2］安全機能が実装されている場合

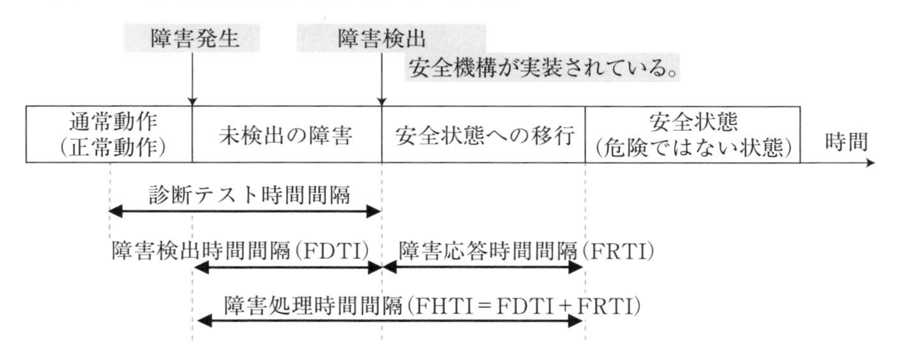

［備考］安全状態は、危険ではない状態で、通常動作(正常動作)という訳ではない。

図 5.56　FTTI と FHTI

5.2.5　ハードウェアレベルの製品開発(Part 5)

ハードウェアレベルの製品開発(Part 5)には、前述の技術的安全コンセプトとシステム設計仕様にもとづいて、ハードウェアレベルで実現すべく、ハードウェア開発に必要な一連の要求事項が規定されています。

項　目	実施事項
目的	・ハードウェアに割り当てられた技術安全要件を実現する設計と実装を行う。 ・設計がアーキテクチャー(構成)上の制約を満たすことを保証する。 ・ハードウェアレベルのテストと検証の活動を実行する。
ハードウェアレベルでの製品開発の開始	・ハードウェア開発の各フェーズにおける安全活動を決定し、それらを計画する。
ハードウェア安全要求仕様	・技術的安全コンセプトとシステム安全要求仕様にもとづいて、ハードウェアとしての安全要求仕様を作成する。

図 5.57　ハードウェアレベルの製品開発の目的と安全要求仕様

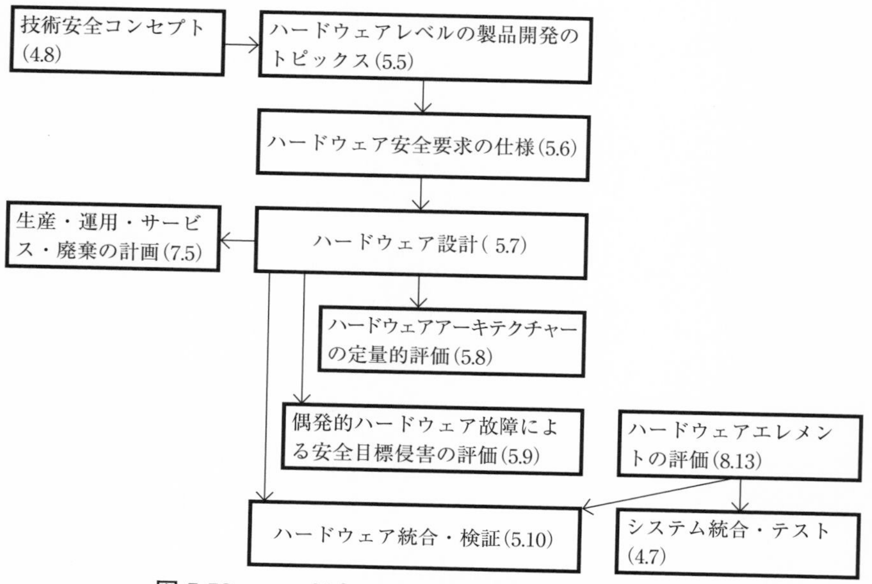

図 5.58　ハードウェアレベルの製品開発のフロー

(1) ハードウェアレベルの製品開発の目的と安全要求仕様(Part 5.5、5.6)

ハードウェアレベルの製品開発の目的と安全要求仕様を図5.57に、ハードウェアレベルの製品開発のフローを図5.58に示します。

システム設計仕様とハードウェア安全要求仕様にもとづいて、ハードウェアを設計します。また、ハードウェア設計がシステム設計仕様とハードウェア安全要求仕様に対して一貫性を保っていることを検証します。

(2) ハードウェア設計(Part 5.7)

ハードウェア設計における実施事項を図5.60に示します。

システム設計仕様とハードウェア安全要求仕様にもとづいて、ハードウェアを設計します。また、ハードウェア設計がシステム設計仕様とハードウェア安全要求仕様に対して一貫性を保っていることを検証します。

前述のハードウェア安全要求仕様をハードウェア構成に実装する必要があり、そこに含まれるハードウェア部品は、実装されるハードウェア安全要件の中で、最もASILの高いものを受け継ぎます。

ハードウェア設計において、故障や障害の影響を識別するために安全分析を実施します。

ハードウェア安全要件に関する完全性と適合性を検証します。

安全分析によって生産・運用への関連が確認された場合は、生産、運用に対する検証方法やその検証基準に従って、安全特性を特定します。

なお、ISO 26262における障害と故障の用語の定義を図5.59に示します。

用　語	定　義
障害 fault	・アイテム(item、機能安全を実現する対象)やエレメント(element、部品)を、本来の機能や状態から逸脱させることにつながる異常な状態 ・故障の原因
故障 failure	・アイテムやエレメントが、本来の機能や性能を逸脱した状態(結果) ・障害の結果

図5.59 用語：障害と故障

項　目	実施事項
ハードウェア設計	①　システム設計仕様とハードウェア安全要求仕様にもとづいて、ハードウェアを設計する。 ②　ハードウェア設計がシステム設計仕様とハードウェア安全要求仕様に対して一貫性を保っていることを検証する。
ハードウェアアーキテクチャー設計	①　前述のハードウェア安全要求仕様をハードウェア構成(アーキテクチャー)に実装する必要があり、そこに含まれるハードウェア部品は、実装されるハードウェア安全要件の中で、最も ASIL の高いものを受け継ぐ。
ハードウェア詳細設計	①　ハードウェア詳細設計においては、過去の設計に起因するトラブル事例と共通する障害を回避するため、関連する事例の調査が求められる。 ②　ハードウェア構成設計と同様に、温度や振動など、非機能的要因によるハードウェア部品の故障も、ハードウェア詳細設計の段階で考慮する。 ③　さらに、ハードウェア部品の使用条件が、環境上・使用上の許容値に収まっている必要がある。
安全分析	①　ハードウェア設計において、故障や障害の影響を識別するために安全分析を実施する。 ②　安全分析のために考慮すべき事項には下記がある。 ・安全目標を考慮するために、それぞれのハードウェアコンポーネント(部品)に対して、安全障害、シングルポイント障害、残存障害、マルチポイント障害(いずれも後述)を識別する。 ・シングルポイント障害に対する安全機構の有効性を示す根拠を明確にする。 ・潜在的障害に対する安全機構の有効性を示す根拠を明確にする。
ハードウェア設計の検証	①　ハードウェア安全要件に関する完全性と適合性を検証する。
生産、運用、サービス、廃棄	①　安全分析によって生産や運用への関連が確認された場合は、生産や運用に対する検証方法や、その検証基準に従って、安全特性を特定する。

図 5.60　ハードウェア設計における実施事項

ハードウェア障害の種類およびそれらの例を、図 5.61 および図 5.62 に示します。また診断率(ダイアグカバレッジ)の用語の解説を図 5.63 に、診断率の例を図 5.64 に示します。

障害の種類	特　性	対処法
シングルポイント障害 (SPF、single point fault) [危険]	・単独で安全目標を侵害する。 ・安全機構がない。	・シングルポイント障害定量値 ・安全目標侵害の評価
残存障害 (RF、residual fault) [危険]	・安全方策実施後に残った障害安全機構があるが、カバーされない。 ・安全目標を侵害する。	
デュアルポイント障害 (DPF、dual point fault)	・マルチポイント障害の一種で、2つの独立した障害によって安全目標の侵害につながる。	
マルチポイント障害 (MPF、multi point fault)	・他の障害との組合せで、安全目標を侵害する。	・潜在的障害定量値 ・安全目標侵害の評価 －障害がいくつ組み合わさると安全目標の侵害につながるかの数を n とする。 － n ＝ 2 の MPF は、デュアルポイント障害と呼ばれる。 － n ＞ 2 の MPF は、技術安全コンセプトで必要性が示されなければ、安全側障害とみなされる。
検出される MPF (MPF detected)	・安全機構によって検出(通知)される －修理によって安全	
認知される MPF (MPF perceived)	・運転者によって認知(知覚)される －修理によって安全	
潜在的 MPF (MPF latent、レイテント障害、LF) [危険]	・安全機構によって検出(通知)されることも、運転者によって認知されることもない －障害が隠れて潜在化する。 ・他の障害が起こるまで、システムは動作可能である。	
安全側障害 (SF、safe fault)	・安全目標を侵害しない。	・他の障害の分析時に考慮する。

図 5.61　ハードウェア障害の種類

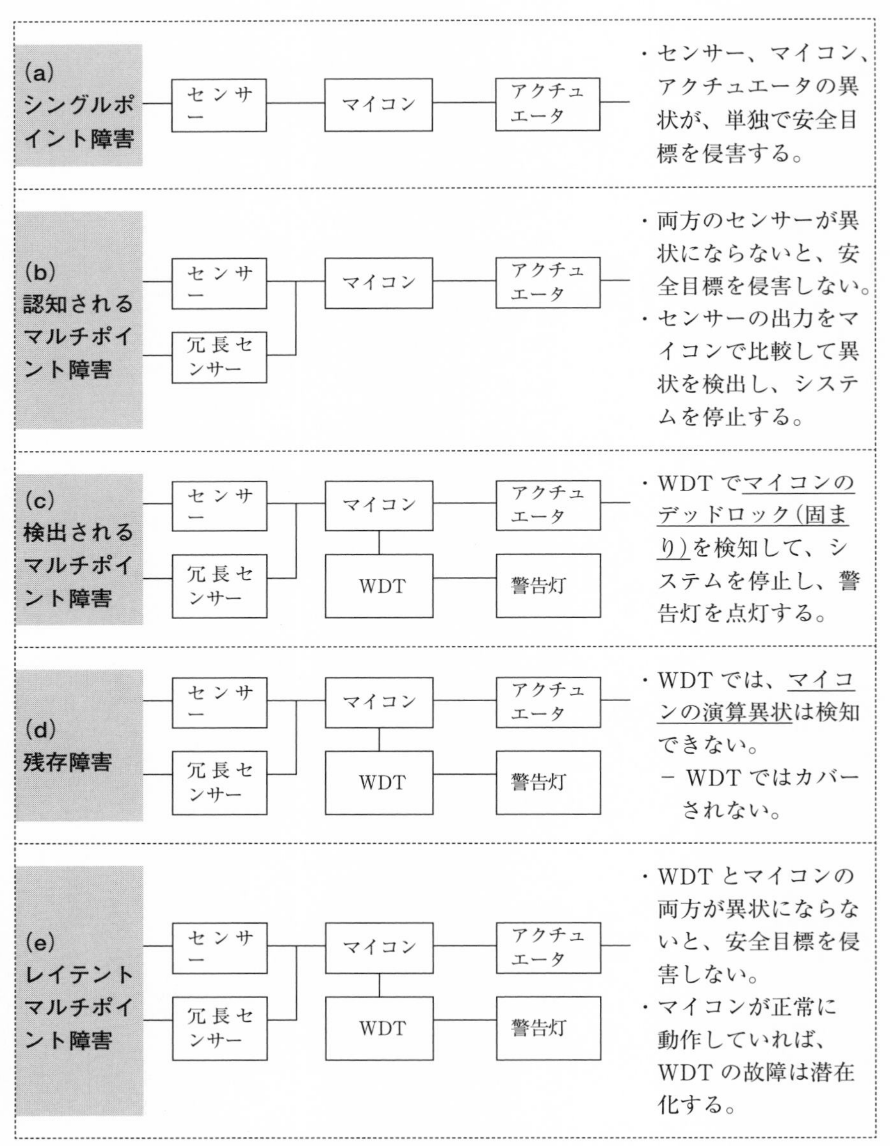

［備考］マイコン：ECU(電子制御装置)、WDT：ウォッチドッグタイマー、安全機構

図 5.62　ハードウェア障害の種類の例

用　語	定　義
診断率(ダイアグカバレッジ、DC、diagnostic coverage)	・安全機構(WDT)によって検出または制御されるハードウェア部品の故障の比率(安全機構による故障カバー率) ・対処可能なハードウェア部品の故障の割合 ・診断率は、残存障害に対して評価される。

図 5.63　用語：診断率(ダイアグカバレッジ)

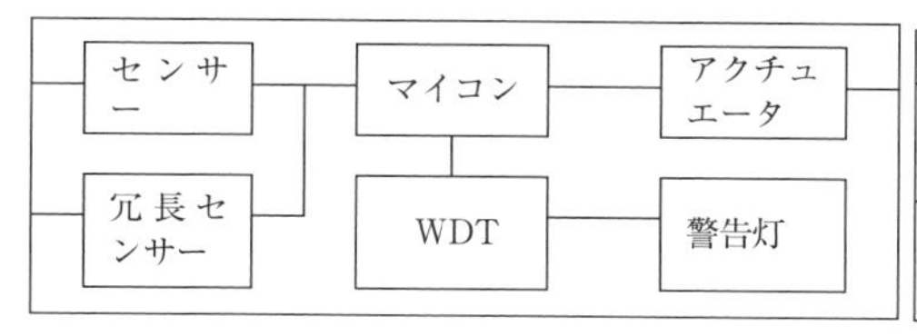

・WDT では、マイコンの演算異状は検知できない。例：

故障モード	故障の比率
マイコンのデッドロック(固まり)	マイコン全体の故障の 50%
マイコンの演算異常	マイコン全体の故障の 50%

・WDT の診断率(diagnostic coverage)は 50% で、残りの 50% は残存障害となる。

図 5.64　診断率(ダイアグカバレッジ)の例

ハードウェア故障の定量的評価方法	・ハードウェア故障の定量的評価 －故障をどれくらい検出できるか？ ・全体の故障率に対する危険な障害の故障率の割合(%)	・シングルポイント障害定量値(SPFM)
		・潜在的障害定量値(LFFM)
	・偶発的故障による安全目標侵害の評価 －故障がどれくらい発生するか？ ・危険な障害の故障率の合計(fit)	・偶発的ハードウェア故障の確率的定量値(PMHF)
		・定量的故障の木解析(FTA)を使用

［備考］1fit ＝ 1 × 10^{-9}/hour(10^{9} 時間で 1 個壊れる)
PMHF：probabilistic metric for random hardware failures

図 5.65　ハードウェア故障の定量的評価方法

(3)　ハードウェア故障の定量的評価(Part 5.8)

ハードウェア故障の定量的評価方法を図 5.65 ～図 5.68 に示します。

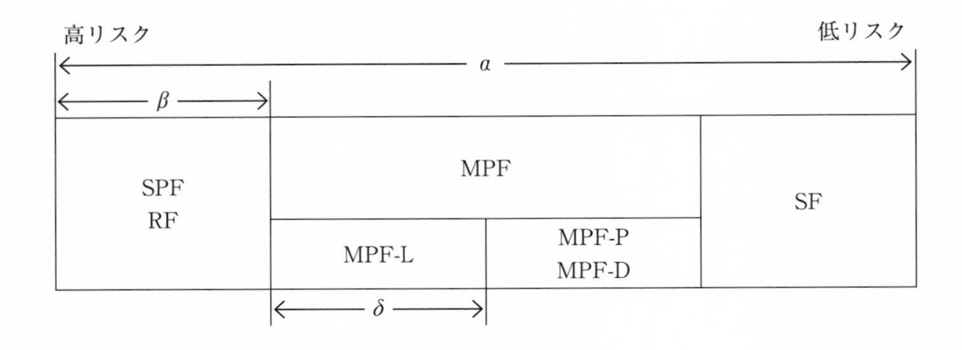

		計算式
SPFM	シングルポイント障害定量値	1－β／α（%）
LFM	潜在的障害定量値	1－δ／（α－β）（%）
PMHF	確率的障害定量値	β＋δ（fit）

図 5.66　ハードウェア故障の定量的評価式

	ASIL A	ASIL B	ASIL C	ASIL D
SPFM	規定なし	≧ 90%	≧ 97%	≧ 99%
LFM	規定なし	≧ 60%	≧ 80%	≧ 90%

図 5.67　ハードウェア故障の定量的評価基準（目標値）（1）

	ASIL A	ASIL B	ASIL C	ASIL D
PMHF （単一システム）	規定なし	$< 10^{-7}$/h < 100 fit	$< 10^{-7}$/h < 100 fit	$< 10^{-8}$/h < 10 fit
PMHF （複合システム）	規定なし	$< 10^{-6}$/h < 1,000 fit	$< 10^{-6}$/h <1,000 fit	$< 10^{-7}$/h < 100 fit

図 5.68　ハードウェア故障の定量的評価基準（目標値）（2）

(4) 偶発的ハードウェア故障による安全目標侵害の評価(Part 5.9)

偶発的ハードウェア故障による安全目標侵害の評価方法の例を図 5.69 に示します。この方法は、定量的 FTA(故障の木解析、fault tree analysis)を使用するものです。また図 3.19 (p.88)の故障の木(FT、fault tree)の基本事象(一番下の段、根本原因)の発生確率を使用して、安全目標侵害率を定量的に算出することができます。

(5) ハードウェア統合および検証(Part 5.10)

ハードウェア統合とテストにおける実施事項を図 5.70 に示します。

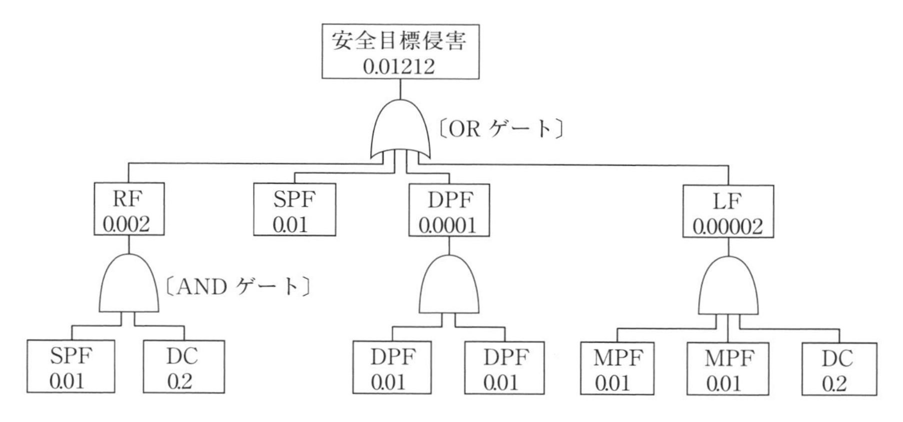

図 5.69 安全目標侵害の評価手法：FTA 分析

項　目	実施事項
ハードウェア統合とテスト	・開発したハードウェアが、ハードウェア安全要求仕様を満足していることを確認する。
統合とテストの計画	・ハードウェアの統合やテストに関する活動は、プロジェクト計画、安全計画、テスト計画などの各種計画とともに適切に計画する。

図 5.70 ハードウェア統合とテスト

5.2.6　ソフトウェアレベルの製品開発(Part 6)

ソフトウェアレベルの製品開発(Part 6)には、前述の技術的安全コンセプトとシステム設計仕様にもとづいて、それをソフトウェアレベルで実現すべく、ソフトウェア開発に必要な一連の要求事項が規定されています。

ソフトウェアレベルの製品開発の手順は、図5.71のようなV字モデルとなります。V字モデルの左側で設計を行い、右側で検証を行います。

なお、ソフトウェアの設計は、図5.72に示した、オートモーティブスパイス(automotive SPICE)やCMMI(capability maturity model integration、能力成熟度モデル統合)などの、ソフトウェア専用の設計手順に従うことが必要です。

自動車の品質マネジメントシステム規格IATF 16949では、ソフトウェアの開発にあたっては、これらのソフトウェア専用の開発技法を用いることを述べています。

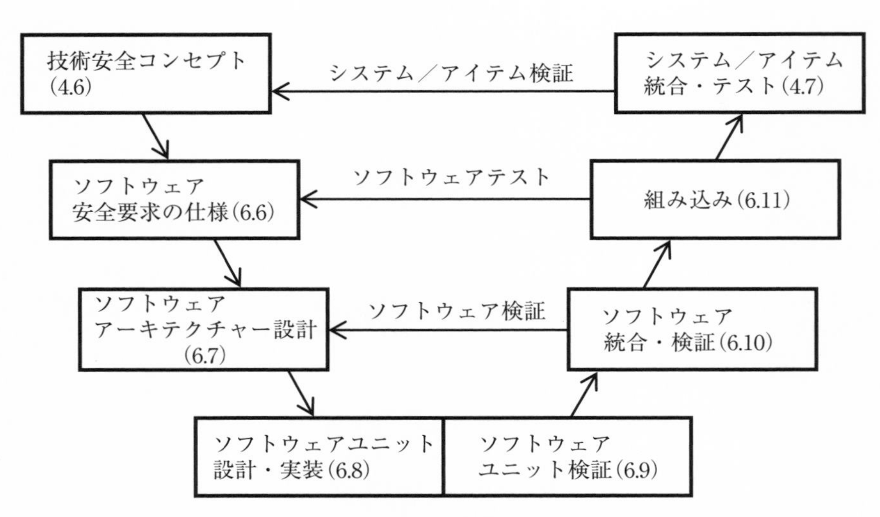

図5.71　ソフトウェアレベルの製品開発の手順：V字モデル

名　称	定　義
オートモーティブスパイス A- SPICE automotive SPICE	・ヨーロッパの自動車産業で使用されている、自動車機能安全、自動車載ソフトウェア開発プロセスの、枠組みを定めた業界標準のプロセスモデル ・CMMIと同様、開発プロセスを定量的に測定し、アセスメントやプロセス監査の見える化を通じて評価するフレームワークとして機能 ・システムを含んだソフトウェア開発が対象であり、それらの開発プロセスが詳細に定義されており、製品開発プロジェクトの品質改善につなげやすいことが特徴
CMMI capability maturity model integration 能力成熟度モデル統合	・アメリカで開発された能力成熟度モデル統合で、システム開発を行う組織が、プロセス改善を行うためのガイドラインを示したもの

図5.72　ソフトウェア開発方法論の例

参考文献

［1］　AIAG：『AIAG & VDA FMEA Handbook』1st edition, 2019 年

［2］　AIAG：『AIAG & VDA FMEA Handbook－1st edition－English Translation Errata Sheet』, 2020 年

［3］　日本規格協会編：『対訳 IATF 16949：2016　自動車産業品質マネジメントシステム規格―自動車産業の生産部品及び関連するサービス部品の組織に対する品質マネジメントシステム要求事項』、日本規格協会、2016 年

［4］　日本規格協会：『対訳 ISO 26262：2018　自動車－機能安全』、日本規格協会、2018 年

［5］　ビジネスキューブ・アンド・パートナーズ：『ISO 26262 実践ガイドブック入門編』、日経 BP 社、2012 年

［6］　岩波好夫：『図解 IATF 16949 よくわかるコアツール【第 2 版】』、日科技連出版社、2020 年

索　引

[さ行]

[た行]

[な行]

[は行]

[まーわ行]

著者紹介

いわなみ よしお
岩波 好夫

経　歴　名古屋工業大学 大学院 修士課程修了（電子工学専攻）
株式会社東芝入社
米国フォード社 ECU 開発プロジェクトメンバー、半導体 LSI 開発部長、米国デザインセンター長、品質保証部長などを歴任

現　在　岩波マネジメントシステム代表
JRCA 登録 ISO 9000 主任審査員（A01128）
IRCA 登録 ISO 9000 リードオーディター（A008745）
AIAG 登録 QS-9000 オーディター（CR05-0396、～ 2006 年）
現住所：東京都町田市
趣味：卓球

著　書　『図解 IATF 16949 の完全理解－自動車産業の要求事項からコアツールまで－』、『図解 IATF 16949 要求事項の詳細解説－これでわかる自動車産業品質マネジメントシステム規格－』、『図解 新 ISO 9001 －リスクベースのプロセスアプローチから要求事項まで－』、『図解 ISO 9001/IATF 16949 プロセスアプローチ内部監査の実践－パフォーマンス改善・適合性の監査から有効性の監査へ－』、『図解 IATF 16949 よくわかるコアツール【第 2 版】』（いずれも日科技連出版社）など

図解 IATF 16949 よくわかる FMEA
―AIAG & VDA FMEA・FMEA-MSR・ISO 26262―

2020 年 3 月 26 日　第 1 刷発行
2024 年 1 月 26 日　第 5 刷発行

著　者　岩　波　好　夫
発行人　戸　羽　節　文

発行所　株式会社 日科技連出版社
〒 151-0051　東京都渋谷区千駄ヶ谷 5-15-5
DS ビル
電　話　出版　03-5379-1244
営業　03-5379-1238

検　印
省　略

Printed in Japan　　印刷・製本　河北印刷株式会社

ISBN 978-4-8171-9690-3
URL https://www.juse-p.co.jp/